대한민국 법령 시리즈 35

건축사법

법령
시행령
시행규칙

해광출판사

머리말

이 책은 방대한 법전을 보지 않고 간편하게 해당되는 법령만 참고해서 볼 수 있도록 하였습니다. 공공기관이나 관련 종사자들이 쉽고 간편하게 해당 법령을 참조 할 수 있도록 하였습니다.

특히 해당법률은 물론 관련 시행령, 시행규칙을 함께 실어 관련법을 서로 참고할 수 있게 하였습니다.

법률이라는 것이 크든 작든 항상 변하는 관계로, 출간 이후의 정확하고 최신의 법률은 법제처 국가법령정보센터에서 확인이 가능하니 법률의 실제 적용 시 확인이 필요한 점 유의하기를 바랍니다.

편집부

* 수록 법률은 법제처 국가법령정보센터에서 확인 가능합니다.
* 발행일 기준 시행 법률이므로 최신 법령은 위 센터에서 볼 수 있습니다.
* 본 책자에 수록된 법률의 문구에 대하여 법적인 효력은 없으며,
  실제 적용 법률은 위 센터에서 최신의 법률로 확인하시기 바랍니다.
* 해당 법령과 함께 시행령, 시행규칙도 수록되어 있습니다.
* 발행일 기준으로 개정 예정 법률은 밑줄로 별도 표시되어 있으며,
  보다 정확한 것은 법제처에서 확인하기 바랍니다.

목차

건축사법

[시행 2022. 8. 4.] [법률 제18826호, 2022. 2. 3., 일부개정]

**개정 예정 법률 밑줄 별도 표시.

건축사법

[시행 2022. 8. 4.] [법률 제18826호, 2022. 2. 3., 일부개정]

제1장 총칙 〈개정 2011. 5. 30.〉

제1조(목적) 이 법은 건축사의 자격과 그 업무에 관한 사항을 규정함으로써 건축물과 공간 환경의 질적 향상을 도모하고 건축문화 발전에 이바지함을 목적으로 한다.

[전문개정 2011. 5. 30.]

제2조(정의) 이 법에서 사용하는 용어의 뜻은 다음 각 호와 같다. 〈개정 2013. 3. 23., 2015. 8. 11.〉

1. "건축사"란 국토교통부장관이 시행하는 자격시험에 합격한 사람으로서 건축물의 설계와 공사감리(工事監理) 등 제19조에 따른 업무를 수행하는 사람을 말한다.

2. "건축사보"란 제23조에 따른 건축사사무소에 소속되어 제19조에 따른 업무를 보조하는 사람 중 다음 각 목의 어느 하나에 해당하는 사람으로서 국토교통부장관에게 신고한 사람을 말한다.

가. 제13조에 따른 실무수련을 받고 있거나 받은 사람

나. 「국가기술자격법」에 따라 건설, 전기·전자, 기계, 화학, 재료, 정보통신, 환경·에너지, 안전관리, 그 밖에 대통령령으로 정하는 분야의 기사(技士) 또는 산업기사 자격을 취득한 사람

다. 4년제 이상 대학 건축 관련 학과 졸업 또는 이와 동등한 자격으로서 대통령령으로 정하는 학력 및 경력을 가진 사람

3. "설계"란 자기 책임 아래(보조자의 도움을 받는 경우를 포함한다) 건축물의 건축, 대수선(大修繕), 용도변경, 리모델링, 건축설비의 설치 또는 공작물(工作物)의 축조(築造)를 위한 다음 각 목의 행위를 말한다.

가. 건축물, 건축설비, 공작물 및 공간환경을 조사하고 건축 등을 기획하는 행위

나. 도면, 구조계획서, 공사 설계설명서, 그 밖에 국토교통부령으로 정하는 공사에 필요한 서류[이하 "설계도서"(設計圖書)라 한다]를 작성하는 행위

다. 설계도서에서 의도한 바를 해설 · 조언하는 행위

4. "공사감리"란 자기 책임 아래(보조자의 도움을 받는 경우를 포함한다) 「건축법」에서 정하는 바에 따라 건축물, 건축설비 또는 공작물이 설계도서의 내용대로 시공되는지 확인하고 품질관리, 공사관리 및 안전관리 등에 대하여 지도 · 감독하는 행위를 말한다.

5. "건축사업"(建築士業)이란 다른 사람의 의뢰에 따라 일정한 보수를 받고 제19조에 따른 업무를 업(業)으로 하는 것을 말한다.

[전문개정 2011. 5. 30.]

제3조 삭제 〈1977. 12. 31.〉

제4조(설계 또는 공사감리 등) ① 「건축법」 제23조제1항에 따른 건축물의 건축등을 위한 설계는 제23조제1항 또는 제9항 단서에 따라 신고를 한 건축사 또는 같은 조 제4항에 따라 건축사사무소에 소속

된 건축사가 아니면 할 수 없다. 〈개정 2018. 12. 18.〉

② 「건축법」 제25조제1항에 따라 건축사를 공사감리자로 지정하는 건축물의 건축 등에 대한 공사감리는 제23조제1항 또는 제9항 단서에 따라 신고를 한 건축사 또는 같은 조 제4항에 따라 건축사사무소에 소속된 건축사가 아니면 할 수 없다. 〈개정 2018. 12. 18.〉

[전문개정 2011. 5. 30.]

제5조 삭제 〈2011. 5. 30.〉

제2장 자격 〈개정 2011. 5. 30.〉

제6조 삭제 〈1977. 12. 31.〉

제7조(건축사 자격 등의 취득) ① 건축사가 되려는 사람은 제14조에 따른 건축사 자격시험에 합격하여야 한다.

② 건축사보가 되려는 사람은 국토교통부령으로 정하는 바에 따라 국토교통부장관에게 신고하여야 한다. 〈개정 2013. 3. 23.〉

[전문개정 2011. 5. 30.]

제8조(자격) ① 국토교통부장관은 제14조에 따른 건축사 자격시험에 합격한 사람에게 국토교통부령으로 정하는 바에 따라 자격증을 발급하여야 한다. 〈개정 2011. 5. 30., 2013. 3. 23.〉

② 삭제 〈1977. 12. 31.〉

③ 삭제 〈2015. 8. 11.〉

④ 삭제 〈1995. 1. 5.〉

[제목개정 2011. 5. 30.]

제9조(결격사유) 다음 각 호의 어느 하나에 해당하는 사람은 건축사

자격을 취득할 수 없다. 〈개정 2015. 8. 11.〉

1. 피성년후견인 또는 피한정후견인

2. 이 법 또는 「건축법」에 따른 죄를 범하여 금고 이상의 형을 선고받고 그 집행이 끝나거나 집행을 받지 아니하기로 확정된 후 3년이 지나지 아니한 사람

3. 제2호에 따른 죄를 범하여 형의 집행유예를 선고받고 그 유예기간 중에 있는 사람

4. 건축사 자격의 취소처분(제1호에 해당하여 자격이 취소된 경우는 제외한다)을 받고 그 취소된 날부터 2년이 지나지 아니한 사람

[전문개정 2011. 5. 30.]

제10조(자격증의 명의 대여 등의 금지) ① 건축사는 다른 사람에게 자기의 성명을 사용하여 제19조에 따른 업무(이하 "건축사업무"라 한다)를 수행하게 하거나 자격증을 빌려주어서는 아니 된다. 〈개정 2019. 8. 20.〉

② 누구든지 다른 사람의 성명을 사용하여 건축사업무를 수행하거나 다른 사람의 건축사 자격증을 빌려서는 아니 된다. 〈신설 2019. 8. 20.〉

③ 누구든지 제1항이나 제2항에서 금지된 행위를 알선해서는 아니 된다. 〈신설 2019. 8. 20.〉

[전문개정 2011. 5. 30.]

제11조(자격의 취소 등) ① 국토교통부장관은 건축사가 다음 각 호의 어느 하나에 해당하는 경우에는 그 자격을 취소하여야 한다. 〈개정 2011. 5. 30., 2013. 3. 23., 2019. 8. 20.〉

1. 거짓이나 그 밖의 부정한 방법으로 자격을 취득한 사실이 드러난 경우

2. 제9조제1호부터 제3호까지의 결격사유 중 어느 하나에 해당하게 된 경우

3. 제10조제1항을 위반하여 다른 사람에게 자기의 성명을 사용하여 건축사업무를 수행하게 하거나 자격증을 빌려준 경우

4. 제28조에 따른 건축사사무소개설신고의 효력상실처분을 받고도 계속하여 건축사업을 한 경우

5. 해당 건축사에게 책임을 돌릴 수 있는 사유로 제28조에 따른 건축사사무소개설신고의 효력상실처분을 세 차례 받은 경우

6. 고의 또는 중대한 과실로 「건축법」 제23조 또는 제25조를 위반하여 설계 또는 공사감리를 함으로써 공사가 부실하게 되어 착공 후 「건설산업기본법」 제28조에 따른 하자담보책임기간에 대통령령으로 정하는 구조상 주요 부분에 중대한 손괴[(損潰): 무너져 내림]를 일으켜 사람을 죽거나 다치게 한 경우

② 삭제 〈1995. 1. 5.〉

③ 제1항에 따라 자격이 취소된 사람은 취소된 날부터 15일 내에 자격증을 국토교통부장관에게 반납하여야 한다. 〈개정 2011. 5. 30., 2013. 3. 23.〉

[전문개정 1977. 12. 31.]

[제목개정 2011. 5. 30.]

제12조(유사명칭의 사용 금지) 건축사가 아닌 사람은 건축사 또는 이와 비슷한 명칭을 사용하지 못한다.

[전문개정 2011. 5. 30.]

제3장 건축사 자격시험 등 〈개정 2011. 5. 30.〉

제13조(실무수련) ① 건축사 자격시험에 응시하려면 대통령령으로 정하는 건축사사무소에서 3년 이상 대통령령으로 정하는 바에 따라 실무수련을 받아야 한다. 다만, 외국에서 건축사 면허를 받거나 자격을 취득한 사람 중 이 법에 따른 건축사의 자격과 같은 자격이 있다고 국토교통부장관이 인정하는 사람으로서 통틀어 5년 이상 건축에 관한 실무경력이 있는 사람은 실무수련을 받지 아니하고도 건축사 자격시험에 응시할 수 있다. 〈개정 2013. 3. 23.〉

② 제1항에 따른 실무수련은 다음 각 호의 어느 하나에 해당하는 사람만 받을 수 있다. 〈개정 2013. 3. 23.〉

1. 5년 이상의 건축학 학위과정이 개설된 대학(「민법」 제32조에 따라 국토교통부장관의 허가를 받아 설립된 비영리법인으로서 「고등교육법」 제11조의2에 따라 교육부장관으로부터 인정받은 기관이 인증한 건축학 학위과정이 개설된 대학을 말한다)에서 해당 과정을 8학기 이상 이수한 사람

2. 제1호에 따른 기관이 인증한 건축학 학위과정이 개설된 대학원에서 해당 과정을 대통령령으로 정하는 학기 이상 이수한 사람

3. 그 밖에 제1호나 제2호에 준하는 교육과정으로서 대통령령으로 정하는 교육과정을 이수한 사람

③ 제1항에 따라 실무수련을 받으려는 사람은 국토교통부령으로 정하는 바에 따라 국토교통부장관에게 신고하여야 한다. 〈개정

2013. 3. 23.〉

④ 실무수련의 과목과 절차, 평가기준, 그 밖에 실무수련에 필요한 사항은 대통령령으로 정한다.

[전문개정 2011. 5. 30.]

제14조(건축사 자격시험) ① 건축사업무 수행에 필요한 지식과 기술을 검증하기 위하여 건축사 자격시험을 실시한다.

② 국토교통부장관은 건축사 자격시험을 매년 1회 이상 시행한다. 〈개정 2013. 3. 23.〉

③ 제13조제1항 단서에 해당하는 사람에 대하여는 대통령령으로 정하는 바에 따라 건축사 자격시험과목의 일부를 면제할 수 있다.

④ 건축사 자격시험의 최종 합격 발표일을 기준으로 제9조의 결격사유에 해당하는 사람은 건축사 자격시험에 응시할 수 없다. 〈신설 2019. 11. 26.〉

[전문개정 2011. 5. 30.]

제15조 삭제 〈2011. 5. 30.〉

제15조의2(부정행위자에 대한 제재) 국토교통부장관은 건축사 자격시험에서 부정행위를 한 응시자에 대하여는 그 시험을 정지시키거나 무효로 하고, 해당 시험 시행일부터 3년간 시험 응시자격을 정지한다. 〈개정 2013. 3. 23.〉

[전문개정 2011. 5. 30.]

제16조(시험과목 등) 건축사 자격시험의 시험과목, 시험방법, 그 밖에 필요한 사항은 대통령령으로 정한다.

[전문개정 2011. 5. 30.]

제16조의2 삭제 〈2011. 5. 30.〉

제17조(수수료) 다음 각 호의 어느 하나에 해당하는 사람은 국토교통부령으로 정하는 바에 따라 국토교통부장관 또는 특별시장·광역시장·특별자치시장·도지사·특별자치도지사(이하 "시·도지사"라 한다)에게 수수료를 납부하여야 한다. 〈개정 2013. 3. 23., 2018. 12. 18., 2020. 2. 18.〉

1. 제7조제2항에 따른 건축사보의 신고를 하는 사람
2. 제13조제3항에 따른 실무수련의 신고를 하는 사람
3. 제14조에 따른 건축사 자격시험에 응시하려는 사람
4. 제18조에 따른 자격등록 또는 갱신등록을 하는 사람
5. 제23조제1항에 따라 건축사사무소의 개설신고를 하는 사람
6. 제23조제5항에 따라 국내의 건축사사무소개설자와 공동으로 건축사업을 하기 위하여 신고를 하는 사람
7. 제23조제9항 단서에 따라 신고를 하는 사람

[전문개정 2011. 5. 30.]

제3장의2 자격등록 등 〈신설 2011. 5. 30.〉

제18조(자격등록 및 갱신등록) ① 제14조에 따른 건축사 자격시험에 합격한 사람이 건축사업무를 수행하려면 국토교통부장관에게 등록하여야 한다. 〈개정 2013. 3. 23.〉

② 제1항에 따른 등록을 신청한 사람은 대통령령으로 정하는 바에 따라 건축사 윤리선언을 하여야 한다.

③ 국토교통부장관은 제1항에 따라 등록한 건축사에게 국토교통

부령으로 정하는 바에 따라 등록증을 발급하여야 한다. 〈개정 2013. 3. 23.〉

④ 제3항에 따라 등록증을 발급받은 건축사는 다른 사람에게 그 등록증을 빌려주어서는 아니 된다.

⑤ 누구든지 다른 사람의 건축사 등록증을 빌려서는 아니 된다. 〈신설 2019. 8. 20.〉

⑥ 누구든지 제4항이나 제5항에서 금지된 행위를 알선해서는 아니 된다. 〈신설 2019. 8. 20.〉

⑦ 제1항에 따라 등록한 건축사는 3년 이상의 범위에서 대통령령으로 정하는 바에 따라 등록을 갱신하여야 한다. 〈개정 2019. 8. 20.〉

⑧ 제1항에 따른 자격등록 및 제7항에 따른 갱신등록의 절차, 구비서류, 그 밖의 사항은 대통령령으로 정한다. 〈개정 2019. 8. 20.〉

[본조신설 2011. 5. 30.]

제18조의2(자격등록 및 갱신등록의 거부) ① 국토교통부장관은 제18조에 따른 자격등록 또는 갱신등록을 신청한 사람이 다음 각 호의 어느 하나에 해당하는 경우에는 등록을 거부하여야 한다. 〈개정 2013. 3. 23., 2018. 4. 17.〉

1. 제11조제1항 각 호의 어느 하나에 해당하는 경우

2. 제18조의3에 따라 자격등록이 취소(제9조제1호에 해당하여 자격등록이 취소된 경우는 제외한다)된 날부터 2년이 지나지 아니한 경우

3. 제30조의2에 따른 실무교육을 받지 아니한 경우

4. 제30조의3제2항제2호에 따른 징계를 받아 업무가 정지된 건축사로서 업무정지 기간이 지나지 아니한 경우

② 국토교통부장관은 제1항에 따라 자격등록 또는 갱신등록을 거부한 경우에는 지체 없이 그 사유를 구체적으로 밝혀 신청인에게 알려야 한다. 〈개정 2013. 3. 23.〉

[본조신설 2011. 5. 30.]

제18조의3(자격등록의 취소) ① 국토교통부장관은 제18조에 따른 자격등록을 한 건축사가 다음 각 호의 어느 하나에 해당하는 경우에는 그 등록을 취소하여야 한다. 〈개정 2013. 3. 23.〉

1. 제11조제1항 각 호의 어느 하나에 해당하는 경우
2. 제30조의3제2항제1호에 따른 자격등록 취소처분을 받은 경우
3. 자격등록취소의 신청을 한 경우

② 삭제 〈2015. 8. 11.〉

③ 제1항에 따라 등록이 취소된 사람은 취소된 날부터 2년이 지날 때까지는 제18조에 따른 자격등록을 신청할 수 없다.

[본조신설 2011. 5. 30.]

제4장 업무 〈개정 2011. 5. 30.〉

제19조(업무 내용) ① 건축사는 건축물의 설계와 공사감리에 관한 업무를 수행한다.

② 건축사는 제1항의 업무 외에 다음 각 호의 업무를 수행할 수 있다. 〈개정 2017. 12. 26., 2019. 4. 30.〉

1. 건축물의 조사 또는 감정(鑑定)에 관한 사항

2. 「건축법」 제27조에 따른 건축물에 대한 현장조사, 검사 및 확인에 관한 사항

3. 「건축물관리법」 제12조에 따른 건축물의 유지·관리 및 「건설산업기본법」 제2조제8호에 따른 건설사업관리에 관한 사항

4. 「건축법」 제75조에 따른 특별건축구역의 건축물에 대한 모니터링 및 보고서 작성 등에 관한 사항

5. 이 법 또는 「건축법」과 이 법 또는 「건축법」에 따른 명령이나 기준 등에서 건축사의 업무로 규정한 사항

6. 「건축서비스산업 진흥법」 제23조에 따른 사업계획서의 작성 및 공공건축 사업의 기획 등에 관한 사항

7. 「건축법」 제2조제1항제12호의 건축주가 건축물의 건축 등을 하려는 경우 인가·허가·승인·신청 등 업무 대행에 관한 사항

8. 그 밖에 다른 법령에서 건축사의 업무로 규정한 사항

[전문개정 2011. 5. 30.]

제19조의2(업무 실적의 관리 등) ① 건축사는 건축주 등이 설계·공사감리 실적을 확인·평가할 수 있도록 본인이 수행한 업무 실적 등을 국토교통부장관에게 제출할 수 있다. 〈개정 2013. 3. 23.〉

② 국토교통부장관은 건축사가 제출한 업무 실적 등에 관한 기록을 유지·관리하여야 하고, 그 기록이 필요한 자에게 제공(증명서의 발급을 포함한다)하여야 한다. 〈개정 2013. 3. 23., 2020. 6. 9.〉

③ 제1항과 제2항에 따른 업무 실적의 제출·관리 및 제공 등에 필요한 사항은 국토교통부령으로 정한다. 〈개정 2013. 3. 23.〉

[전문개정 2011. 5. 30.]

제19조의3(공공발주사업 등에 대한 건축사의 업무범위 및 대가기준) ① 건축사의 건전한 육성과 설계 및 공사감리의 품질을 보장하기 위하여 다음 각 호의 어느 하나에 해당하는 자는 건축사의 업무에 대하여 제3항에 따라 고시한 대가 기준을 적용하여 발주하여야 한다. 〈개정 2017. 12. 26.〉

1. 국가
2. 지방자치단체
3. 「공공기관의 운영에 관한 법률」에 따른 공공기관
4. 그 밖에 대통령령으로 정하는 기관 또는 단체

② 제1항 각 호에 해당하지 아니하는 자는 제1항에서 정한 목적을 달성하기 위하여 제3항에 따라 고시한 대가 기준을 활용하거나 참고할 수 있다. 〈신설 2017. 12. 26.〉

③ 국토교통부장관은 제1항에 따른 건축사의 업무범위 및 그 대가에 관한 기준을 기획재정부장관 및 산업통상자원부장관과 협의하여 정하고 고시하여야 한다. 〈개정 2013. 3. 23., 2017. 12. 26.〉

[전문개정 2011. 5. 30.]

[제목개정 2017. 12. 26.]

제20조(업무상의 성실 의무 등) ① 건축사는 이 법, 「건축법」 또는 그 밖의 관계 법령의 규정을 지키고, 건축물의 안전·기능 및 미관에 지장이 없도록 업무를 성실하게 수행하여야 한다.

② 건축사가 업무를 수행할 때 고의 또는 과실로 건축주에게 재산상의 손해를 입힌 경우에는 그 손해를 배상할 책임이 있다.

③ 건축사는 제2항에 따른 손해배상책임을 보장하기 위하여 보험

또는 공제에 가입하여야 한다. 이 경우 제19조의3제1항 각 호의 어느 하나에 해당하는 자는 보험 또는 공제 가입에 따른 비용을 용역비용에 계상하여야 한다.

④ 제3항에 따른 보험 또는 공제의 기간·종류·대상 및 방법 등에 필요한 사항은 대통령령으로 정한다.

⑤ 건축사보는 건축사의 업무를 보조할 때 이 법 또는 「건축법」에 맞도록 그 업무를 성실히 수행하여야 한다.

⑥ 건축사는 직무상 알게 된 비밀을 누설하거나 다른 용도로 사용하여서는 아니 된다.

⑦ 건축사는 건축사업무를 수행할 때 품위를 손상하는 행위를 하여서는 아니 된다.

[전문개정 2011. 5. 30.]

제21조(설계도서등의 서명날인) 건축사는 건축사업무의 품질을 보증하기 위하여 자신이 작성한 설계도서, 공사감리보고서, 그 밖에 관계 법령에서 건축사가 작성하도록 규정한 서류(이하 이 조에서 "설계도서등"이라 한다)에 서명날인(署名捺印)을 하여야 한다. 설계도서등의 일부를 변경한 경우에도 같다.

[전문개정 2011. 5. 30.]

제22조 삭제 〈2000. 1. 28.〉

제22조의2(자격의 취소 등에 따른 건축사의 업무계속) ① 다음 각 호의 어느 하나에 해당하는 처분 또는 명령을 받은 건축사는 그 처분 또는 명령을 받기 전에 계약을 체결한 업무는 계속하여 수행할 수 있다. 이 경우 국토교통부장관 또는 시·도지사는 그 처분 또는

명령의 내용을 지체 없이 해당 건축주에게 알려야 한다. 〈개정 2013. 3. 23., 2020. 2. 18.〉

1. 제11조에 따른 자격취소
2. 제18조의3에 따른 자격등록의 취소
3. 제28조에 따른 건축사사무소개설신고의 효력상실 또는 업무정지
4. 제30조의3제2항제2호에 따른 업무정지

② 제1항에 따른 건축사는 그 업무를 완성할 때까지 이 법에 따른 건축사로 본다.

[전문개정 2011. 5. 30.]

제5장 건축사사무소 등 〈개정 2011. 5. 30.〉

제23조(건축사사무소개설신고 등) ① 제18조에 따른 자격등록을 한 건축사가 건축사업을 하려면 대통령령으로 정하는 바에 따라 시·도지사에게 건축사사무소의 개설신고(이하 "건축사사무소개설신고"라 한다)를 하여야 한다. 〈개정 2011. 5. 30., 2013. 3. 23., 2020. 2. 18.〉

② 시·도지사는 제1항에 따른 신고를 받은 날부터 5일 이내에 신고수리 여부를 신고인에게 통지하여야 한다. 〈신설 2018. 12. 18., 2020. 2. 18.〉

③ 시·도지사가 제2항에서 정한 기간 내에 신고수리 여부 또는 민원 처리 관련 법령에 따른 처리기간의 연장을 신고인에게 통지하지 아니하면 그 기간이 끝난 날의 다음 날에 신고를 수리한 것으로 본다. 〈신설 2018. 12. 18., 2020. 2. 18.〉

④ 건축사사무소에는 건축사사무소개설신고를 한 건축사(이하 "건축사사무소개설자"라 한다)의 업무를 보조하는 소속 건축사, 건축사보 및 실무수련자(제13조에 따른 실무수련을 받고 있는 사람을 말한다. 이하 같다)를 둘 수 있다. 이 경우 소속 건축사는 제18조에 따른 자격등록을 한 사람이어야 하고, 건축사사무소개설자는 소속 건축사가 아닌 사람으로 하여금 건축사업무를 보조하게 하여서는 아니 된다. 〈개정 2011. 5. 30., 2018. 12. 18.〉

⑤ 외국의 건축사 면허 또는 자격을 가진 사람은 대통령령으로 정하는 바에 따라 건축사사무소개설자와 공동으로 건축물의 설계·공사감리 업무를 수임(受任)하는 경우에만 건축사업을 할 수 있다. 이 경우 외국의 건축사 면허 또는 자격을 가진 사람은 국토교통부령으로 정하는 바에 따라 국토교통부장관에게 신고하여야 한다. 〈개정 2011. 5. 30., 2013. 3. 23., 2018. 12. 18.〉

⑥ 건축사사무소의 명칭에는 "건축사사무소"라는 용어를 사용하여야 한다. 〈개정 2011. 5. 30., 2018. 12. 18.〉

⑦ 건축사사무소개설자는 1개의 사무소만 설치할 수 있고, 건축사, 건축사보 및 실무수련자는 1개의 건축사사무소에만 소속될 수 있다. 〈신설 2011. 5. 30., 2018. 12. 18.〉

⑧ 건축사사무소개설신고의 절차와 그 밖에 필요한 사항은 대통령령으로 정한다. 〈개정 2011. 5. 30., 2018. 12. 18.〉

⑨ 다음 각 호의 어느 하나에 해당하는 업무를 수행하려는 건축사는 건축사사무소개설신고를 하거나 그 신고를 한 건축사사무소에 소속되지 아니하고도 업무를 수행할 수 있다. 다만, 제2호나 제4호

의 경우에는 그 업무에 관한 사항을 미리 국토교통부령으로 정하는 바에 따라 국토교통부장관에게 신고하여야 한다. 〈개정 2011. 5. 30., 2013. 3. 23., 2013. 5. 22., 2018. 12. 18., 2019. 4. 30., 2020. 12. 29., 2021. 3. 16.〉

1. 「건설기술 진흥법」 제26조에 따른 건설엔지니어링사업자에게 소속된 건축사가 같은 법 제39조제2항에 따라 수행하는 건설사업관리

2. 「엔지니어링산업 진흥법」 제21조제1항에 따라 신고한 엔지니어링사업자에 소속된 건축사로서 국토교통부령으로 정하는 특수건축물 또는 특수구조물에 대하여 수행하는 설계 또는 공사감리

3. 국가, 지방자치단체, 「공공기관의 운영에 관한 법률」에 따른 공공기관 및 「지방공기업법」에 따른 지방공기업 등으로서 대통령령으로 정하는 기관의 건축 관련 부서에 소속된 건축사가 각각 해당 기관이 시행하는 공사에 대하여 수행하는 설계 또는 공사감리

4. 「건설산업기본법」 제2조제7호에 따른 건설사업자에게 소속된 건축사가 그 건설사업자 또는 그 건설사업자의 계열회사(「독점규제 및 공정거래에 관한 법률」 제2조제12호에 따른 계열회사를 말한다)의 건축물로서 국토교통부령으로 정하는 건축물에 대하여 수행하는 설계

⑩ 제9항제4호에 따른 건축물의 공사감리는 해당 건설사업자에게 소속된 건축사가 하여서는 아니 된다. 〈개정 2011. 5. 30., 2018. 12. 18., 2019. 4. 30.〉

[전문개정 1995. 1. 5.]

[제목개정 2011. 5. 30.]

제23조의2 삭제 〈1995. 1. 5.〉

제24조(신고의 제한) 다음 각 호의 어느 하나에 해당하는 사람은 건축사사무소개설신고 및 제23조제9항 단서에 따른 신고를 할 수 없다. 〈개정 2018. 12. 18.〉

1. 제18조의2제1항 각 호의 어느 하나에 해당하는 사람
2. 제28조제1항에 따른 건축사사무소개설신고의 효력상실처분을 받고 그 처분을 받은 날부터 2년이 지나지 아니한 사람
3. 제28조제1항에 따른 업무정지명령을 받고 그 기간이 끝나지 아니한 사람
4. 이 법 또는 「건축법」을 위반하여 벌금형을 선고받고 1년이 지나지 아니한 사람
5. 둘 이상의 건축사사무소를 개설하려는 사람
6. 파산선고를 받고 복권되지 아니한 사람

[전문개정 2011. 5. 30.]

제25조 삭제 〈1995. 1. 5.〉

제26조 삭제 〈1999. 2. 5.〉

제27조(건축사사무소개설신고사항의 변경 또는 휴업·폐업 등의 신고) 건축사사무소개설자가 성명, 건축사사무소 소재지, 그 밖에 대통령령으로 정하는 건축사사무소개설신고사항을 변경하거나 휴업 또는 폐업한 경우에는 그 사실을 시·도지사에게 신고하여야 한다. 〈개정 2013. 3. 23., 2020. 2. 18.〉

[전문개정 2011. 5. 30.]

제28조(건축사사무소개설신고의 효력상실처분 등) ① 시·도지사는 건축사사무소개설자 또는 그 소속 건축사가 다음 각 호의 어느 하나에 해당하는 경우에는 건축사사무소개설신고의 효력상실처분을 하거나 1년 이내의 기간을 정하여 그 업무정지를 명할 수 있다. 다만, 제1호, 제2호, 제4호 및 제5호에 해당하는 경우에는 건축사사무소개설신고의 효력상실처분을 하여야 한다. 〈개정 2013. 3. 23., 2018. 12. 18., 2020. 2. 18.〉

1. 거짓이나 그 밖의 부정한 방법으로 건축사사무소개설신고를 한 사실이 드러난 경우

2. 제18조의3에 따라 건축사무소개설자의 자격등록이 취소된 경우

3. 제19조에 따른 업무범위를 위반하여 건축사업을 한 경우

4. 건축물의 구조상 안전에 관한 규정을 위반하여 설계 또는 공사감리를 함으로써 사람을 죽거나 다치게 한 경우

5. 연 2회 이상 업무정지명령을 받고 그 정지기간이 통틀어 1년을 초과하는 경우

6. 제23조제7항을 위반하여 둘 이상의 건축사사무소를 개설한 경우

7. 제27조에 따른 건축사사무소개설신고사항의 변경 등을 거짓으로 신고한 경우

8. 제30조제1항에 따른 보고를 하지 아니하거나 거짓으로 보고를 한 경우 또는 검사를 거부·방해하거나 기피한 경우

② 시·도지사는 제1항에 따른 건축사사무소개설신고의 효력상실

처분 또는 업무정지명령이 소속 건축사보 또는 실무수련자의 업무보조 잘못으로 인한 경우에는 그 소속 건축사보 또는 실무수련자에게 1년 이내의 기간을 정하여 업무정지를 명할 수 있다. 〈개정 2013. 3. 23., 2020. 2. 18.〉

③ 제1항에 따른 건축사사무소개설신고의 효력상실처분 또는 업무정지명령 및 제2항에 따른 업무정지명령의 기준, 절차, 그 밖에 필요한 사항은 대통령령으로 정한다.

[전문개정 2011. 5. 30.]

제28조의2(청문) 국토교통부장관 또는 시·도지사는 다음 각 호의 어느 하나에 해당하는 처분을 하려면 청문을 하여야 한다. 〈개정 2013. 3. 23., 2020. 2. 18.〉

1. 제11조에 따른 건축사 자격의 취소
2. 제18조의3에 따른 자격등록의 취소
3. 제28조에 따른 건축사사무소개설신고의 효력상실처분

[전문개정 2011. 5. 30.]

제29조(건축사사무소개설신고부의 정리) 시·도지사는 다음 각 호의 어느 하나에 해당하는 경우에는 건축사사무소개설신고부에 해당 건축사사무소에 관한 신고사항을 정리하여야 한다. 〈개정 2013. 3. 23., 2015. 8. 11., 2020. 2. 18.〉

1. 제28조에 따른 건축사사무소개설신고의 효력상실처분을 한 경우
2. 제27조에 따른 변경 등의 신고를 받은 경우
3. 그 밖에 대통령령으로 정하는 사유가 있는 경우

[전문개정 2011. 5. 30.]

제30조(보고 · 조사 등) ① 국토교통부장관 또는 시 · 도지사는 다음 각 호의 어느 하나에 해당하는 경우에는 건축사사무소개설자에게 필요한 사항을 보고하게 하거나 자료의 제출을 요구할 수 있으며, 소속 공무원으로 하여금 업무 상황 또는 회계 상황을 조사하게 하거나 장부 또는 그 밖의 서류를 검사하게 할 수 있다. 〈개정 2020. 2. 18.〉

1. 이 법의 위반 여부에 대한 확인이 필요한 경우

2. 건축사업무 수행과 관련하여 건축주 등 이해관계를 가지는 자와 분쟁이 발생한 경우

② 제1항에 따라 국토교통부장관 또는 시 · 도지사가 보고 또는 자료의 제출을 요구하거나 조사 또는 검사를 하고자 하는 경우 「행정조사기본법」 제17조에 따른 사전통지를 하여야 하고, 사무소 등에 출입하여 조사 또는 검사를 하는 공무원은 그 권한을 표시하는 증표를 지니고 이를 관계인에게 보여주어야 한다. 〈개정 2020. 2. 18.〉

[전문개정 2019. 11. 26.]

제30조의2(건축사의 실무교육) ① 건축사는 건축사업무 수행에 필요한 전문 지식과 기술적 능력을 높이기 위하여 제18조제7항에 따른 갱신등록을 하기 전에 대통령령으로 정하는 바에 따라 국토교통부장관이 실시하는 실무교육을 받아야 한다. 〈개정 2013. 3. 23., 2019. 8. 20.〉

② 다음 각 호의 어느 하나에 해당하는 건축사가 제18조에 따른 자격등록을 하려면 대통령령으로 정하는 바에 따라 국토교통부장관

이 실시하는 실무교육을 받아야 한다. 〈개정 2013. 3. 23., 2019. 8. 20.〉

1. 제18조제7항에 따른 갱신등록을 하지 아니하여 자격등록의 효력이 상실된 건축사

2. 제18조의3에 따라 자격등록이 취소된 후 3년이 지난 건축사

3. 제18조제1항에 따라 건축사 자격을 취득한 후 3년 이내에 등록하지 아니한 자

[전문개정 2011. 5. 30.]

제5장의2 징계 〈신설 2011. 5. 30.〉

제30조의3(징계) ① 국토교통부장관은 건축사가 다음 각 호의 어느 하나에 해당하는 경우에는 제30조의4에 따른 건축사징계위원회의 의결에 따라 제2항에서 정하는 징계를 할 수 있다. 다만, 제1호나 제10호에 해당하는 경우에는 제2항제1호에 따른 자격등록 취소를 하여야 한다. 〈개정 2013. 3. 23., 2018. 12. 18., 2022. 2. 3.〉

1. 거짓이나 그 밖의 부정한 방법으로 제18조에 따른 자격등록 또는 갱신등록을 한 경우

2. 제18조제2항에 따른 건축사 윤리선언을 위반한 경우

3. 제19조에 따른 업무범위를 위반하여 업무를 수행한 경우

4. 제19조의2제1항에 따른 업무 실적 등을 거짓으로 제출한 경우

5. 제20조제1항을 위반하여 건축사업무를 성실하게 수행하지 아니한 경우

6. 제20조제6항을 위반하여 직무상 알게 된 비밀을 누설하거나

다른 용도로 사용한 경우

7. 제20조제7항을 위반하여 건축사업무를 수행할 때 품위를 손상하는 행위를 한 경우

8. 제23조제7항을 위반하여 둘 이상의 건축사사무소를 개설하거나 둘 이상의 건축사사무소에 소속된 경우

9. 제31조의4에 따른 윤리규정을 위반한 경우

10. 제2항제2호에 따른 징계를 받아 업무가 정지된 후에도 계속하여 그 업무를 수행한 경우

② 건축사에 대한 징계의 종류는 다음 각 호와 같다.

1. 자격등록취소

2. 2년 이하의 업무정지

3. 견책

③ 시·도지사 및 제31조에 따른 대한건축사협회는 건축사가 제1항 각 호의 어느 하나에 해당하는 징계사유가 있다고 인정되면 그 증거서류를 첨부하여 국토교통부장관에게 해당 건축사의 징계를 요청할 수 있다. 〈개정 2013. 3. 23., 2020. 2. 18., 2022. 2. 3.〉

④ 삭제 〈2015. 8. 11.〉

⑤ 제1항에 따른 징계의결은 국토교통부장관의 요구에 따라 한다. 다만, 위반사유가 발생한 날부터 3년이 지나면 징계의결의 요구를 할 수 없다. 〈개정 2013. 3. 23.〉

[본조신설 2011. 5. 30.]

제30조의4(건축사징계위원회) ① 건축사징계위원회(이하 "징계위원회"라 한다)는 국토교통부에 둔다. 〈개정 2013. 3. 23.〉

② 징계위원회는 위원장 1명을 포함한 9명의 위원으로 구성한다.

③ 징계위원회의 위원장은 국토교통부의 고위공무원단에 속하는 일반직공무원 중에서 국토교통부장관이 지명하는 사람으로 하고, 그 밖의 위원은 국토교통부 소속 공무원, 건축사 또는 「고등교육법」 제2조에 따른 대학에서 건축에 관한 과목을 가르치는 조교수 이상의 직에 있는 사람 중에서 국토교통부장관이 임명 또는 위촉하는 사람으로 한다. 〈개정 2013. 3. 23.〉

④ 제1항부터 제3항까지에서 규정한 사항 외에 징계위원회의 구성·운영 등에 필요한 사항은 대통령령으로 정한다.

[본조신설 2011. 5. 30.]

제6장 대한건축사협회 〈개정 2022. 2. 3.〉

제31조(대한건축사협회) ① 건축사의 품위 유지, 업무 개선, 건축기술의 연구·개발을 통한 건축물의 질적 향상 및 안전 증진과 건축문화의 발전을 위하여 대한건축사협회(이하 "건축사협회"라 한다)를 둔다. 〈개정 2022. 2. 3.〉

② 건축사협회는 법인으로 한다.

③ 건축사협회는 주된 사무소의 소재지에서 설립등기를 함으로써 성립한다.

④ 건축사협회의 임원, 조직과 그 밖에 필요한 사항은 대통령령으로 정한다. 〈신설 2022. 2. 3.〉

[전문개정 2011. 5. 30.]

[제목개정 2022. 2. 3.]

제31조의2(사업) 건축사협회는 제31조에 따른 목적을 달성하기 위하여 다음 각 호의 사업을 할 수 있다.

1. 건축물에 관한 조사 · 연구
2. 건축물의 품질 및 시공 기술의 향상을 위한 지도
3. 건축사업무의 개선 · 발전
4. 회원의 품위 유지 및 윤리 확립
5. 건축사와 건축사보의 자질 향상을 위한 연수
6. 회원의 복지 향상 및 연금제도 운영
7. 그 밖에 건축사협회의 설립 목적을 달성하기 위하여 필요한 사업

[전문개정 2015. 8. 11.]

제31조의3(건축사협회의 가입의무) 제23조제1항에 따라 건축사사무소개설신고를 한 건축사는 건축사협회 정관으로 정하는 절차에 따라 건축사협회에 가입하여야 한다.

[본조신설 2022. 2. 3.]

제31조의4(윤리규정) ① 건축사협회는 회원이 업무를 수행할 때 지켜야 할 직업윤리에 관한 윤리규정을 국토교통부장관의 승인을 얻어 제정하여야 한다.

② 건축사협회의 회원은 제1항에 따른 직업윤리에 관한 윤리규정을 준수하여야 한다.

[본조신설 2022. 2. 3.]

제32조(주사무소와 지부) 건축사협회는 정관으로 정하는 바에 따라 주사무소를 설치하고 필요한 곳에 지부(支部)를 둘 수 있다.

[전문개정 2011. 5. 30.]

제33조 삭제 〈2011. 5. 30.〉

제34조 삭제 〈2011. 5. 30.〉

제35조(정관) ① 건축사협회는 정관을 작성한 때에는 국토교통부장관의 인가를 받아야 한다. 정관을 변경하려는 경우에도 또한 같다.

② 건축사협회의 정관에 포함되어야 할 사항과 사업 종목에 관한 사항은 대통령령으로 정한다.

[전문개정 2022. 2. 3.]

제36조(「민법」의 적용) 건축사협회에 관하여는 이 법에 규정된 사항을 제외하고는 「민법」 중 사단법인에 관한 규정을 적용한다.

[전문개정 2011. 5. 30.]

제37조 삭제 〈2001. 8. 14.〉

제38조 삭제 〈2022. 2. 3.〉

제38조의2(보고 · 조사 등) 국토교통부장관은 다음 각 호의 어느 하나에 해당하는 경우 건축사협회에 대하여 그 업무에 관한 사항을 보고하게 하거나 자료의 제출을 요구할 수 있으며, 소속 공무원으로 하여금 업무 상황을 조사하게 하거나 장부 또는 그 밖의 서류를 검사하게 할 수 있다. 이 경우 제30조제2항을 준용한다.

1. 제38조의11제2항에 따라 위탁한 업무에 대한 관리 · 감독이 필요한 경우

2. 그 밖에 건축사 관련 정책 수립을 위하여 필요한 경우

[전문개정 2019. 11. 26.]

제6장의2 건축사공제조합 <신설 2015. 8. 11.>

제38조의3(건축사공제조합의 설립 등) ① 건축사는 상호 간의 협동조직을 통하여 자율적인 경제활동을 도모하고 건축사업 수행에 필요한 손해배상책임의 보장, 각종 보증 및 자금의 융자 등을 위하여 국토교통부장관의 인가를 받아 건축사공제조합(이하 "공제조합"이라 한다)을 설립할 수 있다.

② 공제조합은 법인으로 하며, 주된 사무소의 소재지에서 설립등기를 함으로써 성립한다.

③ 공제조합 조합원의 자격, 임원에 관한 사항, 출자에 관한 사항 및 공제조합 운영 등에 관한 사항은 정관으로 정한다.

④ 공제조합 정관의 기재사항, 보증대상 및 보증한도 등은 대통령령으로 정하며, 정관을 변경하려면 이사회 의결을 거쳐 국토교통부장관의 인가를 받아야 한다.

[본조신설 2015. 8. 11.]

[종전의 제38조의3은 제38조의11로 이동 <2015. 8. 11.>]

제38조의4(공제조합의 설립인가) ① 공제조합을 설립하려면 조합원 자격이 있는 자 5명 이상이 발기하고 조합원 자격이 있는 자 20명 이상의 동의를 받아 창립총회에서 정관을 작성한 후 국토교통부장관에게 인가를 신청하여야 한다.

② 국토교통부장관은 제1항에 따라 설립인가를 한 경우 이를 공고하여야 한다.

[본조신설 2015. 8. 11.]

[종전의 제38조의4는 제38조의12로 이동 <2015. 8. 11.>]

제38조의5(공제조합의 사업) 공제조합은 다음 각 호의 사업을 한다.

1. 조합원의 업무수행에 따른 입찰, 계약, 선급금지급, 하자보수 등의 보증

2. 조합원에 대한 자금의 융자

3. 조합원의 업무수행에 따른 손해배상책임을 보장하는 공제사업 및 조합원에 고용된 사람의 복지향상과 업무상 재해로 인한 손실을 보상하는 공제사업

4. 건축사업무 관련 기술의 개선·향상과 관련한 연구 및 교육에 관한 사업

5. 조합원을 위한 공동이용시설의 설치·운영 및 조합원의 편익증진을 위한 사업

6. 조합원의 업무수행에 필요한 기자재의 구매알선

7. 조합원의 목적 달성에 필요한 투자 등의 수익사업

8. 제1호에서 제7호까지에 부대되는 사업으로서 정관으로 정하는 사업

[본조신설 2015. 8. 11.]

제38조의6(보증규정) ① 공제조합은 제38조의5제1호에 따른 보증사업을 하려면 보증규정을 정하여야 하고, 보증규정을 제정하거나 변경하려는 경우에는 국토교통부장관에게 보고하여야 한다.

② 제1항의 보증규정에는 보증사업의 범위, 보증계약의 내용, 보증수수료, 보증에 충당하기 위한 책임준비금 등 보증사업의 운영에 필요한 사항이 포함되어야 한다.

[본조신설 2015. 8. 11.]

제38조의7(공제규정) ① 공제조합은 제38조의5제3호에 따른 공제사업을 하려면 공제규정을 정하여야 하고, 공제규정을 제정하거나 변경하려는 경우에는 국토교통부장관에게 보고하여야 한다.

② 제1항의 공제규정에는 공제사업의 범위, 공제계약의 내용, 공제료, 공제금, 공제금에 충당하기 위한 책임준비금 등 공제사업의 운영에 필요한 사항이 포함되어야 한다.

[본조신설 2015. 8. 11.]

제38조의8(보고·조사 등) ① 국토교통부장관은 다음 각 호의 어느 하나에 해당하는 경우 공제조합에 대하여 그 업무에 관한 사항을 보고하게 하거나 자료의 제출을 요구할 수 있으며, 소속 공무원으로 하여금 공제조합의 업무 상황 또는 회계 상황을 조사하게 하거나 장부 또는 그 밖의 서류를 검사하게 할 수 있다. 이 경우 제30조제2항을 준용한다. 〈개정 2019. 11. 26.〉

1. 이 법의 위반 여부에 대한 확인이 필요한 경우
2. 그 밖에 공제조합의 재무건전성 유지 등을 위하여 필요한 경우

② 제38조의5제3호에 따른 공제사업에 대하여는 대통령령으로 정하는 바에 따라 금융위원회가 제1항에 따른 조사 또는 검사를 할 수 있다.

③ 국토교통부장관은 제38조의5제1호에 따른 보증사업의 건전한 육성과 계약자 보호를 위하여 보증사업의 감독에 필요한 기준을 정하여 고시하여야 한다.

④ 국토교통부장관은 제38조의5제3호에 따른 공제사업의 건전한 육성과 계약자의 보호를 위하여 금융위원회 위원장과 협의하여 감독

에 필요한 기준을 정하여 고시하여야 한다.

[본조신설 2015. 8. 11.]

[제목개정 2019. 11. 26.]

第38조의9(공제조합의 책임) ① 공제조합은 보증한 사항에 관하여 법령이나 그 밖의 계약서 등에서 정하는 바에 따라 보증금을 지급할 사유가 발생하였을 때에는 그 보증금을 보증채권자에게 지급하여야 한다.

② 제1항에 따라 보증채권자가 공제조합에 대하여 가지는 보증금에 관한 권리는 보증기간 만료일부터 2년간 행사하지 아니하면 시효의 완성으로 소멸한다.

[본조신설 2015. 8. 11.]

第38조의10(다른 법률의 준용) 공제조합에 관하여는 이 법에서 규정한 사항 외에는 「민법」 중 사단법인에 관한 규정과 「상법」 중 주식회사의 회계에 관한 규정을 준용한다.

[본조신설 2015. 8. 11.]

제6장의3 보칙 〈개정 2015. 8. 11.〉

第38조의11(권한의 위임 및 위탁) ① 국토교통부장관은 대통령령으로 정하는 바에 따라 이 법에 따른 권한의 일부를 시·도지사에게 위임할 수 있다. 〈개정 2013. 3. 23.〉

② 국토교통부장관은 대통령령으로 정하는 바에 따라 다음 각 호의 업무를 건축사협회에 위탁할 수 있다. 〈개정 2013. 3. 23., 2015. 8. 11.〉

1. 실무수련자의 관리

2. 제7조제2항에 따른 건축사보 신고의 접수

3. 제14조에 따른 건축사 자격시험의 관리

4. 제18조에 따른 등록의 접수, 등록증 발급 및 반납

5. 제19조의2에 따른 건축사 업무 실적의 관리 등

6. 제30조의2에 따른 실무교육

③ 국토교통부장관은 대통령령으로 정하는 바에 따라 제30조의3에 따른 건축사 징계에 관한 업무를 시·도지사에게 위임할 수 있다. 〈개정 2013. 3. 23.〉

④ 시·도지사의 징계 결정에 불복하는 사람은 그 결정 통지를 받은 날부터 30일 이내에 국토교통부장관에게 이의신청을 할 수 있다. 이의신청을 받은 국토교통부장관은 신청에 이유가 있다고 인정하면 시·도지사의 징계 결정을 취소하고 스스로 징계 결정을 하여야 한다. 〈개정 2013. 3. 23.〉

⑤ 제4항에 따른 이의신청의 절차 등에 필요한 사항은 대통령령으로 정한다.

[본조신설 2011. 5. 30.]

[제38조의3에서 이동 〈2015. 8. 11.〉]

제38조의12(벌칙 적용 시의 공무원 의제) 다음 각 호에 해당하는 사람은 「형법」 제127조 및 제129조부터 제132조까지의 규정을 적용할 때에는 공무원으로 본다. 〈개정 2015. 8. 11.〉

1. 제38조의11제2항에 따라 위탁받은 업무에 종사하는 사람

2. 징계위원회의 위원

[본조신설 2011. 5. 30.]

[제38조의4에서 이동 <2015. 8. 11.>]

제7장 벌칙 <개정 2011. 5. 30.>

제39조(벌칙) 건축사업무의 수행과 관련하여 다음 각 호의 어느 하나에 해당하는 행위를 한 건축사, 건축사보 또는 실무수련자는 2년 이하의 징역이나 2천만원 이하의 벌금에 처한다.

1. 부당하게 금품을 주고받거나 요구하는 행위

2. 제3자에게 부당한 금품을 제공하게 하거나 제공을 요구하는 행위

[본조신설 2015. 1. 6.]

[종전 제39조는 제39조의2로 이동 <2015. 1. 6.>]

제39조의2(벌칙) 다음 각 호의 어느 하나에 해당하는 사람은 2년 이하의 징역이나 2천만원 이하의 벌금에 처한다.

1. 제10조를 위반한 다음 각 목의 어느 하나에 해당하는 사람

가. 다른 사람에게 자기의 성명을 사용하여 건축사업무를 수행하게 하거나 자신의 건축사 자격증을 빌려 준 사람

나. 다른 사람의 성명을 사용하여 건축사업무를 수행하거나 다른 사람의 건축사 자격증을 빌린 사람

다. 가목 및 나목의 행위를 알선한 사람

2. 제18조를 위반한 다음 각 목의 어느 하나에 해당하는 사람

가. 다른 사람에게 자신의 건축사 등록증을 빌려 준 사람

나. 다른 사람의 건축사 등록증을 빌린 사람

다. 가목 및 나목의 행위를 알선한 사람

[본조신설 2019. 8. 20.]

[종전 제39조의2는 제39조의3으로 이동 〈2019. 8. 20.〉]

제39조의3(벌칙) 다음 각 호의 어느 하나에 해당하는 사람은 1년 이하의 징역이나 1천만원 이하의 벌금에 처한다.

1. 거짓이나 그 밖의 부정한 방법으로 건축사 자격을 취득하거나 제18조에 따른 자격등록 또는 갱신등록을 한 사람

2. 제4조를 위반하여 건축물의 설계 또는 공사감리를 한 사람

3. 삭제 〈2019. 8. 20.〉

4. 제18조의2에 따라 자격등록 또는 갱신등록이 거부되거나 제18조의3에 따라 자격등록이 취소된 사람으로서 건축사업무를 수행한 사람

5. 제20조제6항을 위반하여 직무상 알게 된 비밀을 누설하거나 다른 용도로 사용한 사람

6. 거짓이나 그 밖의 부정한 방법으로 건축사사무소개설신고를 한 사람

7. 제23조를 위반하여 건축사사무소개설신고를 하지 아니하고 건축사업을 한 사람

8. 제30조의3제2항제2호에 따른 징계를 받아 업무가 정지된 후에도 계속하여 그 업무를 수행한 사람

9. 삭제 〈2015. 1. 6.〉

[전문개정 2011. 5. 30.]

[제39조의2에서 이동, 종전 제39조의3은 제39조의4로 이동

〈2019. 8. 20.〉]

제39조의4(몰수·추징) 제39조의2의 죄를 지은 자 또는 그 사정을 아는 제3자가 받은 금품이나 그 밖의 이익은 몰수한다. 이를 몰수할 수 없을 때에는 그 가액을 추징한다. 〈개정 2019. 8. 20.〉

[본조신설 2017. 12. 26.]

[제39조의3에서 이동 〈2019. 8. 20.〉]

제40조(양벌규정) 건축사사무소개설자의 대리인, 사용인, 그 밖의 종업원이 그 건축사사무소개설자의 업무에 관하여 제39조, 제39조의2 또는 제39조의3의 위반행위를 하면 그 행위자를 벌하는 외에 그 건축사사무소개설자에게도 해당 조문의 벌금형을 과(科)한다. 다만, 건축사사무소개설자가 그 위반행위를 방지하기 위하여 해당 업무에 관하여 상당한 주의와 감독을 게을리하지 아니한 경우에는 그러하지 아니하다. 〈개정 2015. 1. 6., 2019. 8. 20.〉

[전문개정 2011. 5. 30.]

[제42조에서 이동 〈2011. 5. 30.〉]

제41조(과태료) ① 다음 각 호의 어느 하나에 해당하는 사람에게는 100만원 이하의 과태료를 부과한다.

1. 제12조를 위반하여 건축사 또는 이와 비슷한 명칭을 사용한 사람

2. 제30조제1항에 따른 보고를 하지 아니하거나 거짓으로 보고한 사람 또는 검사를 거부·방해하거나 기피한 사람

② 다음 각 호의 어느 하나에 해당하는 사람에게는 50만원 이하의 과태료를 부과한다.

1. 삭제 〈2015. 8. 11.〉

2. 제11조제3항을 위반하여 자격증을 반납하지 아니한 사람

3. 제27조를 위반하여 변경 등의 신고를 하지 아니한 사람

4. 삭제 〈2015. 8. 11.〉

③ 제1항과 제2항에 따른 과태료는 국토교통부장관 또는 시·도지사가 부과·징수한다. 〈개정 2013. 3. 23., 2020. 2. 18.〉

[전문개정 2011. 5. 30.]

제42조

[종전의 제42조는 제40조로 이동 〈2011. 5. 30.〉]

제43조 삭제 〈1984. 12. 31.〉

부칙 〈제1536호, 1963. 12. 16.〉

제1조 (시행일) 이 법은 공포한 날로부터 시행한다.

제2조 (건축사면허에 관한 특례) ①이 법 시행당시 지방장관의 허가를 받아 건축에 관한 행정서사의 업무를 영위하고 있는 자에게는 제7조의 규정에 불구하고 각령이 정하는 바에 의하여 전형을 거쳐 이 법에 의한 1급건축사의 자격이 있다고 인정되는 자는 1급건축사면허를, 기타의 자는 2급건축사의 면허를 받을 수 있다.

②이 법에 의하여 최초에 시행하는 건축사면허시험에 관하여는 각령이 정하는 바에 따라 제16조의 규정에 의한 시험과목, 시험방법 기타 자격시험에 관하여 특례를 둘 수 있다.

제3조 (전형의 신청) 전조제1항의 규정에 의한 전형은 1회에 한하며 그 전형을 받고자 하는 자는 각령으로 정하는 기간안에 소정의 서

류와 수수료를 갖추어 건설부장관에게 신청하여야 한다.

제4조 (전형위원회) ①부칙 제2조제1항의 규정에 의한 전형을 시행하기 위하여 건설부에 임시로 건축사전형위원회를 둔다.

②건축사전형위원회의 조직과 운영에 관하여 필요한 사항을 각령으로 정한다.

제5조 (경과조치) ①건축사협회가 설립될 때까지의 기간에 있어서는 제26조에 규정된 보수의 기준은 관할지방장관이 정하여 이를 고시하여야 한다.

②이 법 시행후 최초의 건축사의 면허를 할 때까지의 기간은 종전의 건축에 관한 행정서사는 계속하여 그 직무를 행할 수 있다.

③종전의 건축에 관한 행정서사가 설계한 설계도서는 전항의 기간만료전에 건축허가를 받은 경우에는 그 기간만료후에 있어서도 계속하여 효력을 가지며 그 공사감리는 당해 건축에 관한 행정서사가 행할 수 있다.

④이 법에 의한 건축사협회가 설립될 때까지는 종전의 대한건축사협회가 이 법에 의한 건축사협회의 직무를 행한다.

부칙 〈제3074호, 1977. 12. 31.〉

①(시행일) 이 법은 공포후 6월이 경과한 날로부터 시행한다.

②(경과조치) 종전의 규정에 의한 1급건축사는 이 법에 의한 건축사로 본다.

③(동전) 종전의 규정에 의한 2급건축사(이하 "2級建築士"라 한다)는 제4조의 규정에 불구하고 3층이하인 건축물로서 연면적 1,500평

방미터이하인 건축물의 설계 또는 공사감리를 할 수 있다. 〈개정 1980. 1. 4.〉

④(동전) 종전의 규정에 의한 2급건축사에 관하여는 이 법중 제8조·제10조 내지 제12조 및 제19조 내지 제42조의 규정을 적용한다.

⑤(동전) 종전의 규정에 의한 1급건축사 및 2급건축사는 대통령령이 정하는 바에 의하여 건축사면허증, 동면허수첩 및 등록증등을 재교부받아야 한다.

부칙 〈제3242호, 1980. 1. 4.〉

①(시행일) 이 법은 1980년 4월 1일부터 시행한다.

②(2급건축사에 관한 특례) 2급건축사는 제16조의 규정에 불구하고 대통령령이 정하는 바에 의하여 특별전형시험으로 이 법에 의한 건축사의 면허를 받을 수 있다.

③(건축사보에 관한 경과조치) 종전의 규정에 의하여 건축보조사로 신고한 자는 이 법에 의한 건축사보로 본다.

부칙 〈제3559호, 1982. 4. 3.〉

이 법은 1982년 7월 1일부터 시행한다.

부칙 〈제3767호, 1984. 12. 31.〉

①(시행일) 이 법은 1985년 1월 1일부터 시행한다.

②(건축사사무소의 등록에 관한 경과조치) 이 법 시행전에 등록한

건축사사무소는 이 법 시행일로부터 6월이내에 단독 또는 종합으로 구분하여 해당 건축사사무소의 등록기준을 갖추어 건설부장관에게 신고하여야 하며, 그때까지는 종전의 규정에 의하여 업무를 행한다.

③(건축사사무소의 업무에 관한 경과조치) 부칙 제2항의 규정에 의한 신고전에 건축사사무소가 종전의 규정에 의하여 계약을 체결한 업무는 제2항의 규정에 의한 신고를 할 때에 이를 함께 신고하고 계속 수행할 수 있다.

④(업무정지명령에 관한 경과조치) 이 법 시행전에 받은 건축사사무소의 폐쇄명령은 이 법에 의하여 받은 건축사의 업무정지명령으로 본다.

⑤(면허취소등에 관한 경과조치) 제11조 및 제28조의 개정규정을 적용함에 있어서 이 법 시행전에 받은 건축사사무소의 등록취소의 횟수와 폐쇄명령의 기간은 이를 산입하지 아니한다.

부칙 〈제4116호, 1989. 4. 1.〉

이 법은 공포한 날부터 시행한다.

부칙 〈제4381호, 1991. 5. 31.〉

제1조 (시행일) 이 법은 공포후 1년이 경과한 날부터 시행한다.

제2조 내지 제6조 생략

제7조 (다른 법률의 개정) ①생략

②건축사법중 다음과 같이 개정한다.

제2조제3호중 "건축법 제2조제21호"를 "건축법 제2조제14호"로 한다.

제4조제2항중 "건축법 제6조제2항"을 "건축법 제21조제1항"으로 한다.

③내지 ⑪생략

부칙 〈제4501호, 1992. 11. 25.〉 (엔지니어링기술진흥법)

제1조 (시행일) 이 법은 공포후 6월이 경과한 날부터 시행한다

제2조 내지 제7조 생략

제8조 (다른 법률의 개정) ① 및 ②생략

③건축사법중 다음과 같이 개정한다.

제25조제2항을 다음과 같이 한다.

②엔지니어링기술진흥법 제4조제1항의 규정에 따라 신고한 엔지니어링활동주체에 소속된 건축사로서 건설부령이 정하는 바에 따라 건설부장관에게 신고를 한 자가 여러 종류의 기술과 건축의 종합으로 이루어지는 발전, 제철, 철강, 조선, 기계, 비철금속, 석유정제 및 화학, 펄프등의 공장건축물과 당해 공장건축물의 건설기간중에 건축되는 것으로서 그 공장의 운전에 필요한 기계실·변전실·사무실·창고·휴게실등 부속건축물의 설계 또는 공사감리를 하는 경우에는 제1항의 규정에 불구하고 건축사사무소개설자가 이를 행하는 것으로 본다.

④생략

부칙 〈제4918호, 1995. 1. 5.〉

제1조 (시행일) 이 법은 1995년 7월 1일부터 시행한다. 다만, 제7

조·제13조·제14조·제15조 및 제23조제3항의 개정규정은 1996년 1월 1일부터 시행한다.

제2조 (건축사보에 관한 경과조치) 이 법 시행당시 종전의 규정에 의한 건축사보는 이 법에 의한 건축사보로 본다.

제3조 (건축사시험에 관한 경과조치) 이 법 시행후 2000년 12월 31일까지 건축사예비시험에 합격한 자로서 다음 각호의 1에 해당하는 자는 제14조의 개정규정에 의한 응시자격의 기준에 불구하고 건축사시험에 응시할 수 있다.

1. 대학에서 건축에 관한 소정의 과정을 이수하고 졸업한 자 및 교육법에 의하여 이와 동등이상의 학력이 있다고 인정되는 자로서 5년이상 건축에 관한 실무경력 또는 연구경력을 가진 자

2. 전문대학에서 건축에 관한 소정의 과정을 이수하고 졸업한 자 및 교육법에 의하여 이와 동등이상의 학력이 있다고 인정되는 자로서 7년이상 건축에 관한 실무경력을 가진 자

3. 고등학교 또는 3년제 고등기술학교에서 건축에 관한 소정의 과정을 이수하고 졸업한 자 및 교육법에 의하여 이와 동등이상의 학력이 있다고 인정되는 자로서 10년이상 건축에 관한 실무경력을 가진 자

4. 건축에 관하여 14년이상의 실무경력을 가진 자

제4조 (건축사면허증 및 면허수첩에 관한 경과조치) ①종전의 규정에 의하여 교부받은 건축사면허증 및 면허수첩은 그 유효기간만료후에도 계속하여 효력을 가진다.

②종전의 규정에 의하여 교부받은 건축사면허증 및 면허수첩은 건

설부령이 정하는 바에 의하여 재교부를 받을 수 있다.

제5조 (건축사사무소에 관한 경과조치) 이 법 시행당시 종전의 규정에 의하여 등록한 건축사사무소는 이 법에 의한 건축사사무소로 본다. 다만, 1995년 12월 31일전에 등록유효기간이 만료되는 건축사사무소는 1995년 12월 31일까지 제23조제7항의 규정에 의하여 등록을 갱신하여야 한다.

제6조 (벌칙에 관한 경과조치) 이 법 시행전에 행한 행위에 대한 벌칙의 적용에 있어서는 종전의 규정에 의한다.

부칙 〈제5238호, 1996. 12. 30.〉

이 법은 공포한 날부터 시행한다.

부칙 〈제5453호, 1997. 12. 13.〉 (행정절차법의시행에따른공인회계사법등의정비에관한법률)

제1조 (시행일) 이 법은 1998년 1월 1일부터 시행한다. 〈단서 생략〉

제2조 생략

부칙 〈제5454호, 1997. 12. 13.〉 (정부부처명칭등의변경에따른건축법등의정비에관한법률)

이 법은 1998년 1월 1일부터 시행한다. 〈단서 생략〉

부칙 〈제5735호, 1999. 1. 29.〉

이 법은 공포한 날부터 시행한다.

부칙 〈제5815호, 1999. 2. 5.〉 (독점규제및공정거래에관한법률의적용이제외되는부당한공동행위등의정비에관한법률)

①(시행일) 이 법은 공포한 날부터 시행한다. 다만, 제1조 및 제7조의 규정은 2000년 1월 1일부터 시행하고, 제5조중 제5조제3항의 개정규정은 2001년 1월 1일부터 시행한다.

②(벌칙에 관한 경과조치) 이 법 시행전의 행위에 대한 벌칙의 적용에 있어서는 종전의 규정에 의한다.

부칙 〈제6244호, 2000. 1. 28.〉

①(시행일) 이 법은 공포후 3월이 경과한 날부터 시행한다. 다만, 제22조 및 제31조제1항의 개정규정과 제33조제1항의 개정규정중 건축사협회 회원의 임의가입에 관한 사항은 각각 2001년 1월 1일부터 시행한다.

②(건축사면허에 관한 경과조치) 이 법 시행당시 종전의 규정에 의한 건축사 면허는 이 법에 의한 건축사 자격으로 본다.

③(건축사면허증 및 면허수첩에 관한 경과조치) 이 법 시행당시 종전의 규정에 의하여 건축사면허증 및 면허수첩을 교부받은 자는 건설교통부령이 정하는 바에 의하여 이 법에 의한 건축사자격증 및 자격수첩을 교부받을 수 있다.

④(등록에 관한 경과조치) 이 법 시행당시 종전의 규정에 의하여 건축사사무소의 등록을 한 자에 대하여는 이 법에 의한 건축사업무신고를 한 것으로 본다.

⑤(행정처분에 관한 경과조치) 이 법 시행당시 종전의 규정에 의

한 건축사사무소 등록취소처분은 이 법에 의한 건축사업무신고의 효력상실처분으로 본다.

⑥(벌칙에 관한 경과조치) 이 법 시행전의 행위에 대한 벌칙의 적용에 있어서는 종전의 규정에 의한다.

부칙 〈제6503호, 2001. 8. 14.〉

①(시행일) 이 법은 공포한 날부터 시행한다. 다만, 제15조제1항제4호의 개정규정은 2010년 1월 1일부터 시행하며, 제17조제5호의 규정은 2002년 1월 1일부터 시행한다.

②(건축사자격시험에 관한 특례) 다음 각호의 1에 해당하는 자는 제14조의 개정규정에 불구하고 2009년 12월 31일까지 건축사자격시험에 응시할 수 있다.

1. 국가기술자격법에 의한 건축분야 기술사 자격을 취득한 자

2. 국가기술자격법에 의한 건축분야 기사 자격을 취득한 자로서 건축사자격시험일 현재 기사시험 응시자격 취득일부터 5년 이상 건축에 관한 실무경력이 있는 자

3. 국가기술자격법에 의한 건축분야 산업기사 자격을 취득한 자로서 건축사자격시험일 현재 산업기사시험 응시자격 취득일부터 7년 이상 건축에 관한 실무경력이 있는 자

부칙 〈제7593호, 2005. 7. 13.〉

①(시행일) 이 법은 공포한 날부터 시행한다.

②(적용례) 제15조제1항제1호의 개정규정은 이 법 시행 후 최초

로 실시하는 건축사예비시험부터 적용한다.

부칙 〈제8784호, 2007. 12. 21.〉

①(시행일) 이 법은 공포한 날부터 시행한다.

②(건축사자격심의위원회에 대한 경과조치) 이 법 시행 당시 「건축사법 시행령」 제13조 및 제14조에 따라 구성·운영 중인 건축사자격심의위원회는 이 법에 따라 구성된 것으로 본다.

부칙 〈제8852호, 2008. 2. 29.〉 (정부조직법)

제1조 (시행일) 이 법은 공포한 날부터 시행한다. 다만, ···〈생략〉···, 부칙 제6조에 따라 개정되는 법률 중 이 법의 시행 전에 공포되었으나 시행일이 도래하지 아니한 법률을 개정한 부분은 각각 해당 법률의 시행일부터 시행한다.

제2조 부터 제5조까지 생략

제6조 (다른 법률의 개정) ① 부터 〈554〉 까지 생략

〈555〉 건축사법 일부를 다음과 같이 개정한다.

제2조제1호·제2호, 제5조, 제8조제1항, 제11조제1항 각 호 외의 부분·제3항, 제13조제2항, 제15조제2항, 제15조의2, 제22조의2제1항 후단, 제23조제1항, 제27조제1항, 제28조제1항 각 호 외의 부분·제2항·제3항 각 호 외의 부분, 제28조의2 각 호 외의 부분, 제29조 각 호 외의 부분, 제30조제1항, 제30조의2제1항·제2항, 제31조의2제2항, 제34조제4항, 제35조제2항, 제38조제1항·제2항 및 제41조제3항부터 제5항까지 중 "건설교통부장관"을 각각 "국토

해양부장관”으로 한다.

제2조제3호, 제8조제1항, 제15조제2항 및 제23조제8항제2호부터 제4호까지 중 “건설교통부령”을 각각 “국토해양부령”으로 한다.

제7조제2항, 제17조 각 호 외의 부분, 제19조의2제3항 및 제23조제3항 후단 · 제8항 각 호 외의 부분 단서 중 “건설교통부령”을 각각 “국토해양부령”으로 한다. 제7조제2항, 제17조 각 호 외의 부분, 제19조의2제1항 · 제2항 · 제4항, 제19조의3, 제23조제3항 후단 · 제8항 각 호 외의 부분 단서 및 제38조의2 중 “건설교통부장관”을 각각 “국토해양부장관”으로 한다. 제16조의2제1항 각 호 외의 부분 중 “건설교통부”를 “국토해양부”로 한다.

〈556〉 부터 〈760〉 까지 생략

제7조 생략

부칙 〈제8974호, 2008. 3. 21.〉 (건축법)

제1조 (시행일) 이 법은 공포한 날부터 시행한다. 〈단서 생략〉

제2조 부터 제12조까지 생략

제13조 (다른 법률의 개정) ① 및 ② 생략

③ 건축사법 일부를 다음과 같이 개정한다.

제4조제1항 중 “건축법 제19조제1항”을 “「건축법」 제23조제1항”으로 하고, 같은 조 제2항 중 “건축법 제21조제1항”을 “건축법 제25조제1항”으로 한다.

제11조제1항제6호 중 “건축법 제19조 또는 제21조”를 “「건축법」 제23조 또는 제25조”로 한다.

제23조제1항 중 "건축법 제19조 및 제21조"를 "「건축법」 제23조 및 제25조"로 한다.

④ 부터 〈70〉 까지 생략

제14조 생략

부칙 〈제9187호, 2008. 12. 26.〉

이 법은 공포 후 3개월이 경과한 날부터 시행한다.

부칙 〈제10250호, 2010. 4. 12.〉 (엔지니어링산업 진흥법)

제1조(시행일) 이 법은 공포 후 6개월이 경과한 날부터 시행한다.

제2조 부터 제7조까지 생략

제8조(다른 법률의 개정) ① 생략

② 건축사법 일부를 다음과 같이 개정한다.

제23조제8항제2호 중 "엔지니어링기술진흥법 제4조제1항의 규정에 의하여 신고한 엔지니어링활동주체"를 "「엔지니어링산업 진흥법」 제21조제1항에 따라 신고한 엔지니어링사업자"로 한다.

③ 부터 ⑭ 까지 생략

제9조 생략

부칙 〈제10392호, 2010. 7. 23.〉

①(시행일) 이 법은 공포 후 6개월이 경과한 날부터 시행한다.

②(보험 또는 공제 가입에 관한 적용례) 제20조제3항의 개정규정은 이 법 시행 후 최초로 이루어지는 설계 또는 공사감리 용역계약

부터 적용한다.

부칙 〈제10719호, 2011. 5. 24.〉 (건설산업기본법)

제1조(시행일) 이 법은 공포 후 6개월이 경과한 날부터 시행한다. 〈단서 생략〉

제2조 부터 제5조까지 생략

제6조(다른 법률의 개정) ① 및 ② 생략

③ 건축사법 일부를 다음과 같이 개정한다.

제23조제8항제4호 중 "건설산업기본법 제2조제5호의 규정에 의한"을 "「건설산업기본법」 제2조제7호에 따른"으로 한다.

④부터 ⑨까지 생략

부칙 〈제10756호, 2011. 5. 30.〉

제1조(시행일) 이 법은 공포 후 1년이 경과한 날부터 시행한다. 다만, 제12조, 제33조, 제34조, 제40조의 개정규정 및 부칙 제5조제2항은 공포한 날부터 시행하고, 제15조의 개정규정은 2020년 1월 1일부터 시행한다.

제2조(실무수련 자격 인정 등에 관한 특례) ① 이 법 시행 전에 제13조제2항의 개정규정에 따른 교육과정에 상응하는 교육과정으로서 대통령령으로 정하는 교육과정을 이수한 사람은 같은 항의 개정규정에 따른 교육과정을 이수한 것으로 본다.

② 이 법 시행 전에 제1항에 해당하는 사람이 건축에 관한 실무경력 중 대통령령으로 정하는 경력을 쌓은 경우에는 제13조의 개정

규정에 따른 실무수련을 받은 것으로 본다.

제3조(이 법 시행 당시 건축사예비시험에 합격한 사람에 관한 특례) ① 2019년 12월 31일까지 종전의 제15조에 따른 건축사예비시험에 합격한 사람으로서 건축사예비시험의 응시자격을 취득한 날부터 5년 이상(제13조제2항제1호의 개정규정에 따른 5년 이상의 건축학 학위과정을 이수하고 그 학위를 취득한 사람은 4년 이상) 건축에 관한 실무경력을 쌓은 사람은 2026년 12월 31일까지 대통령령으로 정하는 바에 따라 실시하는 건축사 자격시험 특별전형에 응시할 수 있고, 건축사 자격시험 특별전형에 합격한 사람은 제14조의 개정규정에 따른 건축사 자격시험에 합격한 사람으로 본다.

② 제1항에 따른 건축에 관한 실무경력은 종전의 제16조에 따라 산정한다.

③ 제1항에 따른 건축사 자격시험 특별전형에서 부정행위를 한 응시자에 대하여는 제15조의2의 개정규정을 준용한다.

제4조(건축사보의 신고에 관한 경과조치) 제2조제2호의 개정규정에도 불구하고 2019년 12월 31일까지 종전의 제15조에 따른 건축사예비시험에 합격한 사람은 2019년 12월 31일까지 제7조제2항의 개정규정에 따라 건축사보의 신고를 할 수 있다.

제5조(건축사예비시험의 시행 등에 관한 경과조치) ① 2019년 12월 31일까지 실시되는 건축사예비시험에 관한 다음 각 호의 사항은 해당 각 호에서 정하는 규정에 따른다.

1. 시험의 내용과 시행에 관한 사항: 종전의 제13조

2. 부정행위자에 대한 제재: 종전의 제15조의2

3. 시험과목, 시험방법, 합격기준 등에 관한 사항: 종전의 제16조

4. 응시 수수료: 종전의 제17조

5. 거짓이나 그 밖의 부정한 방법으로 합격한 자에 대한 벌칙의 적용에 관한 사항: 종전의 제39조

② 다음 각 호의 어느 하나에 해당하는 사람은 종전의 제15조에도 불구하고 2019년 12월 31일까지 실시되는 건축사예비시험에 응시할 수 있다.

1. 대학원에서 건축에 관한 소정의 과정을 이수하고 졸업한 자 및 졸업예정자 또는 「고등교육법」에 의하여 이와 동등 이상의 학력이 있다고 인정되는 자

2. 「국가기술자격법」에 따른 건축분야 기술사 자격을 취득한 자

3. 「국가기술자격법」에 따른 건축분야 기사 자격을 취득하고 자격취득 전후를 통산하여 3년 이상 건축에 관한 실무경력이 있는 자

4. 「국가기술자격법」에 따른 건축분야 산업기사 자격을 취득하고 자격취득 전후를 통산하여 5년 이상 건축에 관한 실무경력이 있는 자

제6조(건축사 자격등록에 관한 경과조치) ① 이 법 시행 당시 종전의 규정에 따라 건축사 자격시험에 합격하여 건축사 자격을 취득한 사람은 제18조제1항의 개정규정에도 불구하고 이 법에 따라 등록한 건축사로 본다. 다만, 이 법 시행 후 1년 이내에 제18조의 개정규정에 따라 자격등록을 하여야 한다.

② 제1항 단서에 따른 기한 안에 자격등록을 하지 아니하는 경우에는 제30조의2의 개정규정에 따른 실무교육을 받아야 자격등록을 할 수 있다.

제7조(건축사사무소개설신고에 관한 경과조치) 이 법 시행 당시 건축사업무신고를 한 건축사사무소개설자는 제23조의 개정규정에 따라 건축사사무소개설신고를 한 것으로 본다.
제8조(행정제재처분에 관한 경과조치) 이 법 시행 전의 위반행위에 대한 행정제재처분에 관하여는 종전의 규정에 따른다.

부칙 〈제11690호, 2013. 3. 23.〉 (정부조직법)
제1조(시행일) ① 이 법은 공포한 날부터 시행한다.
② 생략
제2조 부터 제5조까지 생략
제6조(다른 법률의 개정) ①부터 〈545〉까지 생략
〈546〉 건축사법 일부를 다음과 같이 개정한다.
제2조제1호, 같은 조 제2호 각 목 외의 부분, 제7조제2항, 제8조제1항, 제11조제1항 각 호 외의 부분, 같은 조 제3항, 제13조제1항 단서, 같은 조 제2항제1호, 같은 조 제3항, 제14조제2항, 제15조제2항, 제15조의2, 제17조 각 호 외의 부분, 제18조제1항 · 제3항, 제18조의2제1항 각 호 외의 부분, 같은 조 제2항, 제18조의3제1항 각 호 외의 부분, 같은 조 제2항, 제19조의2제1항 · 제2항, 제19조의3제2항, 제22조의2제1항 각 호 외의 부분 후단, 제23조제1항, 같은 조 제3항 후단, 같은 조 제8항 각 호 외의 부분 단서, 제27조, 제28조제1항 각 호 외의 부분 본문, 같은 조 제2항, 제28조의2 각 호 외의 부분, 제29조 각 호 외의 부분, 제30조제1항, 제30조의2제1항, 같은 조 제2항 각 호 외의 부분, 제30조의3제1항 각 호 외의

부분 본문, 같은 조 제3항·제4항, 같은 조 제5항 본문, 제30조의4제3항, 제31조의2제2항 전단, 같은 조 제4항부터 제6항까지, 제35조제2항, 제38조제1항·제2항, 제38조의2, 제38조의3제1항, 같은 조 제2항 각 호 외의 부분, 같은 조 제3항, 같은 조 제4항 전단·후단 및 제41조제3항 중 "국토해양부장관"을 각각 "국토교통부장관"으로 한다.

제2조제3호나목, 제7조제2항, 제8조제1항, 제13조제3항, 제15조제2항, 제17조 각 호 외의 부분, 제18조제3항, 제19조의2제3항, 제23조제3항 후단, 같은 조 제8항 각 호 외의 부분 단서 및 같은 항 제2호·제4호 중 "국토해양부령"을 각각 "국토교통부령"으로 한다.

제13조제2항제1호 중 "교육과학기술부장관"을 "교육부장관"으로 한다.

제19조의3제2항 중 "지식경제부장관"을 "산업통상자원부장관"으로 한다.

제30조의4제1항 및 제3항 중 "국토해양부"를 각각 "국토교통부"로 한다.

〈547〉부터 〈710〉까지 생략

제7조 생략

부칙 〈제11794호, 2013. 5. 22.〉 (건설기술 진흥법)

제1조(시행일) 이 법은 공포 후 1년이 경과한 날부터 시행한다.

제2조 부터 제24조까지 생략

제25조(다른 법률의 개정) ①부터 ③까지 생략

④ 건축사법 일부를 다음과 같이 개정한다.

제23조제8항제1호를 다음과 같이 한다.

1. 「건설기술 진흥법」 제26조에 따른 건설기술용역업자에게 소속된 건축사가 같은 법 제39조제2항에 따라 수행하는 건설사업관리

⑤부터 ㉕까지 생략

제26조 생략

부칙 〈제12969호, 2015. 1. 6.〉

이 법은 공포한 날부터 시행한다.

부칙 〈제13472호, 2015. 8. 11.〉

제1조(시행일) 이 법은 공포 후 6개월이 경과한 날부터 시행한다. 다만, 제8조제3항, 제9조제1호 및 제4호, 제18조의3제2항, 제29조제2호, 제30조의3제4항, 제38조의11제2항제4호, 제38조의12제1호, 제41조제2항제1호 및 제4호의 개정규정은 공포한 날부터 시행한다.

제2조(금치산자 등에 대한 경과조치) 제9조제1호의 개정규정에 따른 피성년후견인 또는 피한정후견인에는 법률 제10429호 민법 일부개정 법률 부칙 제2조에 따른 금치산 또는 한정치산 선고의 효력이 유지되는 사람을 포함하는 것으로 본다.

제3조(건축사협회가 수행하는 공제사업에 관한 경과조치) ① 이 법 시행 당시 종전의 규정에 따른 건축사협회는 제38조의3제1항의 개정규정에 따른 공제조합이 설립되기 전까지는 같은 개정규정에 따른 공제조합으로 본다. 이 경우 이 법 시행 후 6개월 이내에 제38조의

4제1항의 개정규정에 따라 국토교통부장관에게 공제조합 설립인가를 받아야 한다.

② 이 법 시행 당시 종전의 규정과 제1항 전단에 따라 건축사협회가 수행하는 공제사업과 관련된 모든 재산과 권리·의무는 제38조의3제1항의 개정규정에 따라 설립되는 공제조합이 승계한다.

③ 건축사협회의 공제사업과 관련하여 건축사협회에 대하여 한 행위 및 건축사협회가 한 행위는 각각 제38조의3제1항의 개정규정에 따라 설립되는 공제조합에 대한 행위와 공제조합의 행위로 본다.

④ 공제사업과 관련하여 건축사협회에 출자한 회원은 제38조의3제1항의 개정규정에 따라 설립되는 공제조합에 출자한 조합원으로 본다.

⑤ 공제사업과 관련하여 건축사협회에 납부된 출자금은 제38조의3제1항의 개정규정에 따라 설립되는 공제조합에 납부된 출자금으로 본다.

제4조(과태료에 관한 경과조치) 제41조제2항제1호 및 제4호의 개정규정 시행 전의 행위에 대하여 과태료 규정을 적용할 때에는 종전의 규정에 따른다.

부칙 〈제15308호, 2017. 12. 26.〉

제1조(시행일) 이 법은 공포한 날부터 시행한다.

제2조(공공발주사업에 대한 건축사의 대가 기준에 관한 적용례) 제19조의3제1항의 개정규정은 이 법 시행 후 최초로 발주하는 설계 또는 공사감리 용역계약부터 적용한다.

부칙 〈제15595호, 2018. 4. 17.〉

이 법은 공포한 날부터 시행한다.

부칙 〈제15993호, 2018. 12. 18.〉

제1조(시행일) 이 법은 공포 후 1개월이 경과한 날부터 시행한다.

제2조(건축사사무소개설신고에 관한 적용례) 제23조제2항 및 제3항의 개정규정은 이 법 시행 이후 신고를 하는 경우부터 적용한다.

부칙 〈제16414호, 2019. 4. 30.〉 (건설기술 진흥법)

제1조(시행일) 이 법은 공포 후 6개월이 경과한 날부터 시행한다.

제2조(다른 법률의 개정) ① 건축사법 일부를 다음과 같이 개정한다.

제23조제9항제1호 중 "건설기술용역업자"를 "건설기술용역사업자"로 한다.

② 및 ③ 생략

제3조 생략

부칙 〈제16415호, 2019. 4. 30.〉 (건설산업기본법)

제1조(시행일) ① 이 법은 공포 후 6개월이 경과한 날부터 시행한다. 〈단서 생략〉

② 생략

제2조(다른 법률의 개정) ① 및 ② 생략

③ 건축사법 일부를 다음과 같이 개정한다.

제23조제9항제4호 및 같은 조 제10항 중 "건설업자"를 각각 "건

설사업자"로 한다.

④부터 ⑪까지 생략

제3조 생략

부칙 〈제16416호, 2019. 4. 30.〉 (건축물관리법)

제1조(시행일) 이 법은 공포 후 1년이 경과한 날부터 시행한다.

제2조 부터 제6조까지 생략

제7조(다른 법률의 개정) ① 생략

② 건축사법 일부를 다음과 같이 개정한다.

제19조제2항제3호 중 "「건축법」 제35조"를 "「건축물관리법」 제12조"로 한다.

③부터 ⑦까지 생략

부칙 〈제16486호, 2019. 8. 20.〉

이 법은 공포 후 6개월이 경과한 날부터 시행한다.

부칙 〈제16626호, 2019. 11. 26.〉

제1조(시행일) 이 법은 공포한 날부터 시행한다.

제2조(건축사 자격시험에 관한 적용례) 제14조제4항의 개정규정은 이 법 시행 후 최초로 공고하는 건축사 자격시험부터 적용한다.

부칙 〈제17007호, 2020. 2. 18.〉 (중앙행정권한 및 사무 등의 지방 일괄 이양을 위한 물가안정에 관한 법률 등 46개 법률 일

부개정을 위한 법률)

제1조(시행일) 이 법은 2021년 1월 1일부터 시행한다. 〈단서 생략〉

제2조(사무이양을 위한 사전조치) ① 관계 중앙행정기관의 장은 이 법에 따른 중앙행정권한 및 사무의 지방 일괄 이양에 필요한 인력 및 재정 소요 사항을 지원하기 위하여 필요한 조치를 마련하여 이 법에 따른 시행일 3개월 전까지 국회 소관 상임위원회에 보고하여야 한다.

② 「지방자치분권 및 지방행정체제개편에 관한 특별법」 제44조에 따른 자치분권위원회는 제1항에 따른 인력 및 재정 소요 사항을 사전에 전문적으로 조사·평가할 수 있다.

제3조(행정처분 등에 관한 일반적 경과조치) 이 법 시행 당시 종전의 규정에 따라 행정기관이 행한 처분 또는 그 밖의 행위는 이 법의 규정에 따라 행정기관이 행한 처분 또는 그 밖의 행위로 보고, 종전의 규정에 따라 행정기관에 대하여 행한 신청·신고, 그 밖의 행위는 이 법의 규정에 따라 행정기관에 대하여 행한 신청·신고, 그 밖의 행위로 본다.

제4조 생략

부칙 〈제17453호, 2020. 6. 9.〉 (법률용어 정비를 위한 국토교통위원회 소관 78개 법률 일부개정을 위한 법률)

이 법은 공포한 날부터 시행한다. 〈단서 생략〉

부칙 〈제17799호, 2020. 12. 29.〉 (독점규제 및 공정거래에

관한 법률)
제1조(시행일) 이 법은 공포 후 1년이 경과한 날부터 시행한다. 〈단서 생략〉
제2조 부터 제24조까지 생략
제25조(다른 법률의 개정) ①부터 ③까지 생략
④ 건축사법 일부를 다음과 같이 개정한다.
제23조제9항제4호 중 "「독점규제 및 공정거래에 관한 법률」 제2조제3호"를 "「독점규제 및 공정거래에 관한 법률」 제2조제12호"로 한다.
⑤부터 〈82〉까지 생략
제26조 생략

부칙 〈제17939호, 2021. 3. 16.〉 (건설기술 진흥법)
제1조(시행일) 이 법은 공포 후 3개월이 경과한 날부터 시행한다. 〈단서 생략〉
제2조 및 제3조 생략
제4조(다른 법률의 개정) ①부터 ④까지 생략
⑤ 건축사법 일부를 다음과 같이 개정한다.
제23조제9항제1호 중 "건설기술용역사업자"를 "건설엔지니어링사업자"로 한다.
⑥부터 ⑧까지 생략

부칙 〈제18826호, 2022. 2. 3.〉

제1조(시행일) 이 법은 공포 후 6개월이 경과한 날부터 시행한다.

제2조(대한건축사협회에 대한 경과조치) 이 법 시행 당시 종전의 규정에 따라 설립된 대한건축사협회는 이 법에 따른 대한건축사협회로 본다.

제3조(건축사협회 가입에 관한 경과조치 등) ① 이 법 시행 당시 제23조제1항에 따라 건축사사무소개설신고가 되어 있는 건축사로서 건축사협회에 회원으로 가입되어 있지 아니한 건축사는 이 법 시행 이후 1년 이내에 건축사협회에 가입하여야 한다.

② 건축사협회는 이 법 시행 전에 제31조의3의 개정규정을 시행하기 위하여 제35조의 개정규정에 따른 정관을 작성하여 국토교통부장관의 인가를 받아야 한다.

건축사법 시행령

[시행 2022. 8. 4.] [대통령령 제32825호, 2022. 7. 26., 일부개정]

**개정 예정 법률 밑줄 별도 표시.

건축사법 시행령

[시행 2022. 8. 4.] [대통령령 제32825호, 2022. 7. 26., 일부개정]

제1조(목적) 이 영은 「건축사법」에서 위임된 사항과 그 시행에 필요한 사항을 규정함을 목적으로 한다.

[전문개정 2012. 5. 30.]

제2조 삭제 〈1995. 12. 30.〉

제2조의2(건축사보의 자격 분야) 「건축사법」(이하 "법"이라 한다) 제2조제2호나목에서 "대통령령으로 정하는 분야"란 문화 · 예술 · 디자인 · 방송 분야를 말한다.

[전문개정 2012. 5. 30.]

제2조의3(건축사보 자격기준) ① 법 제2조제2호다목에서 "대통령령으로 정하는 학력 및 경력을 가진 사람"이란 다음 각 호의 어느 하나에 해당하는 사람을 말한다. 이 경우 제2호 및 제3호에 따른 실무경력은 졸업 이후의 실무경력으로 한정한다.

1. 대학에서 건축 관련 학과를 졸업한 사람 및 졸업예정자 또는 「고등교육법」에 따라 이와 동등 이상의 학력이 있다고 인정되는 사람

2. 전문대학에서 건축 관련 학과를 졸업한 사람 또는 「고등교육법」에 따라 이와 동등 이상의 학력이 있다고 인정되는 사람으로서 2년(수업연한이 3년인 전문대학 졸업자의 경우는 1년을 말한다) 이

상 건축에 관한 실무경력을 가진 사람

3. 고등학교 또는 3년제 고등기술학교에서 건축 관련 학과를 졸업한 사람 또는 「초·중등교육법」에 따라 이와 동등 이상의 학력이 있다고 인정되는 사람으로서 4년 이상 건축에 관한 실무경력을 가진 사람

② 제1항제2호 및 제3호에 따른 실무경력의 인정기준은 별표 1과 같다.

[본조신설 2016. 2. 11.]

제3조 삭제 〈1995. 12. 30.〉

제4조 삭제 〈2000. 5. 10.〉

제5조(건축사 자격 등) ① 국토교통부장관은 법 제14조에 따른 건축사 자격시험에 합격한 사람에 대하여 법 제9조에 따른 결격사유에 해당하는지에 대한 확인을 거쳐, 결격사유에 해당하지 아니하면 건축사 자격을 주어야 한다. 〈개정 2013. 3. 23.〉

② 국토교통부장관은 제1항에 따라 건축사 자격을 줄 때에는 국토교통부에 갖추어 두는 건축사 명부에 필요한 사항을 적고, 건축사 자격증을 본인에게 발급하여야 한다. 〈개정 2013. 3. 23.〉

③ 국토교통부장관은 제1항에 따라 건축사 자격을 주었을 때에는 이를 관보에 공고하여야 한다. 〈개정 2013. 3. 23.〉

④ 제2항에 따른 건축사 명부 및 건축사 자격증의 서식은 국토교통부령으로 정한다. 〈개정 2013. 3. 23.〉

[전문개정 2012. 5. 30.]

제6조 삭제 〈2016. 2. 11.〉

제6조의2(자격취소 등) 법 제11조제1항제6호에서 "대통령령으로 정하는 구조상 주요 부분"이란 「건축법 시행령」 제2조제17호에 따른 다중이용 건축물의 기초·내력벽(耐力壁)·기둥·바닥·보·지붕틀 및 주계단(사이 기둥, 최하층 바닥, 작은 보, 차양 및 옥외 계단, 그 밖에 이와 유사한 것으로서 건축물의 구조상 중요하지 아니한 부분은 제외한다)을 말한다. 〈개정 2014. 11. 11.〉

[전문개정 2012. 5. 30.]

제6조의3(실무수련 건축사사무소 등) ① 법 제13조제1항 본문에서 "대통령령으로 정하는 건축사사무소"란 법 제23조에 따라 건축사사무소개설신고를 하고 건축사업을 하고 있는 건축사사무소를 말한다.

② 법 제13조에 따른 실무수련(이하 "실무수련"이라 한다)의 기간은 3년으로 한다. 다만, 제6조의4제2항제1호 및 제2호의 교육과정을 마친 사람의 경우 그 실무수련 기간은 4년으로 한다.

③ 실무수련을 받고 있는 사람(이하 "실무수련자"라 한다)이 법 제28조제2항에 따라 업무정지 명령을 받은 기간은 제2항에 따른 실무수련 기간에 포함되지 아니한다.

④ 법 제13조제1항에 따라 건축사 자격시험에 응시하려는 사람이 둘 이상의 건축사사무소에서 실무수련을 한 경우 그 실무수련 기간은 각각의 건축사사무소에서 받은 실무수련 기간을 합산한다.

[본조신설 2012. 5. 30.]

[종전 제6조의3은 제6조의8로 이동 〈2012. 5. 30.〉]

제6조의4(실무수련 이수 자격 취득) ① 법 제13조제2항제2호에 "대통령령으로 정하는 학기"란 실무수련을 받으려는 사람이 법 제13조

제2항제1호에 따른 기관이 인증한 건축학 학위과정이 개설된 대학원(이하 "건축대학원"이라 한다)에 입학(편입학을 포함한다)하여 해당 건축대학원에서 다음 각 호의 구분에 따라 이수한 학기를 말한다.

1. 「고등교육법」 제2조에 따른 학교에서 건축학을 전공하여 학사학위를 받은 사람: 2학기

2. 「고등교육법」 제2조에 따른 학교에서 건축학 외의 전공으로 학사학위를 받은 사람: 4학기

② 법 제13조제2항제3호에서 "대통령령으로 정하는 교육과정"이란 다음 각 호의 어느 하나에 해당하는 교육과정을 말한다. 다만, 제1호 및 제2호의 교육과정은 2023년 12월 31일까지 이수하는 경우만 해당한다. 〈개정 2013. 3. 23.〉

1. 「고등교육법」 제2조제1호에 따른 대학(법 제13조제2항제1호에 해당하는 대학 외의 대학을 말하며, 해당 과정을 8학기 이상 이수한 경우만 해당한다)에 개설된 5년 이상의 건축학 학위과정

2. 건축대학원 외의 대학원으로서 다음 각 목의 어느 하나에 해당하는 대학원

가. 건축학 관련 이수학점이 총 57학점 이상인 대학원(건축학 전공으로 학사학위를 받은 사람이 2학기 이상 이수한 경우만 해당한다)

나. 건축학 관련 이수학점이 총 96학점 이상인 대학원(건축학 외의 전공으로 학사학위를 받은 사람이 4학기 이상 이수한 경우만 해당한다)

다. 건축학 전공 학사과정과 대학원과정을 상호 연계하여 운영하는 대학원(건축설계에 관한 과목 48학점 이상을 포함하여 건축학

관련 이수학점이 총 120학점 이상인 과정을 말하며, 대학원과정을 2학기 이상 이수한 경우만 해당한다)

3. 그 밖에 법 제13조제2항제1호에 따른 기관이 국토교통부장관이 정하는 기준에 따라 인증한 교육과정

[본조신설 2012. 5. 30.]

제6조의5(실무수련의 과목 등) 실무수련자가 실무수련 기간 중 이수하여야 할 실무수련 과목과 수련 영역별 최소 수련일수는 별표 1의2와 같다. 〈개정 2016. 2. 11.〉

[본조신설 2012. 5. 30.]

제6조의6(실무수련의 실시) ① 제6조의3제1항에 따른 건축사사무소(이하 "실무수련 건축사사무소"라 한다)의 건축사사무소개설자(법 제23조제4항 전단에 따른 건축사사무소개설자를 말한다. 이하 같다)는 실무수련자를 직접 지도·감독하거나 해당 실무수련 건축사사무소 소속 건축사를 실무수련 감독 건축사로 지정해야 한다. 〈개정 2020. 6. 9.〉

② 제1항에 따라 실무수련자의 실무수련을 지도·감독하는 건축사사무소개설자가 아닌 실무수련 감독 건축사는 법 제18조에 따라 국토교통부장관에게 등록한 건축사이어야 한다. 〈개정 2013. 3. 23.〉

③ 실무수련자의 실무수련을 지도·감독하는 건축사사무소개설자 또는 실무수련 감독 건축사(이하 "감독건축사"라 한다)는 실무수련자에게 다양한 실무수련 기회를 제공하고, 성실하고 공정하게 실무수련자의 실무수련을 지도·감독하여야 한다.

④ 실무수련자는 감독건축사의 지도·감독에 따라 성실하게 실무수련을 받아야 한다.

[본조신설 2012. 5. 30.]

제6조의7(실무수련의 확인 등) ① 감독건축사는 실무수련자의 실무수련에 관한 기록을 유지·관리하고, 실무수련자가 별표 1에 따른 실무수련 영역별 최소 수련일수를 채웠는지를 확인하여야 한다.

② 감독건축사는 실무수련 건축사무소에서 실무수련자나 실무수련을 받은 사람이 요청하면 국토교통부령으로 정하는 바에 따라 실무수련 확인서를 발급하여야 한다. 〈개정 2013. 3. 23.〉

③ 실무수련자나 실무수련을 받은 사람은 제2항에 따른 실무수련 확인서를 국토교통부장관에게 제출하여야 한다. 〈개정 2013. 3. 23.〉

④ 국토교통부장관은 제3항에 따른 실무수련 확인서를 관리하고, 실무수련자가 제6조의3제2항에 따른 실무수련 기간을 마친 경우 실무수련 완료 증명서를 발급하여야 한다. 이 경우 국토교통부장관은 실무수련자가 소속되거나 소속되었던 실무수련 건축사사무소의 감독건축사에게 실무수련과 관련한 자료의 제출을 요청할 수 있다. 〈개정 2013. 3. 23.〉

⑤ 국토교통부장관은 제3항 및 제4항에 따른 실무수련 확인서의 제출·관리 및 실무수련 완료 증명서의 발급을 전자적 정보처리 방식으로 할 수 있다. 〈개정 2013. 3. 23.〉

[본조신설 2012. 5. 30.]

제6조의8(건축사 자격시험의 응시절차 등) ① 법 제14조제1항에 따

른 건축사 자격시험에 응시하려는 사람은 국토교통부령으로 정하는 건축사 자격시험 응시원서를 국토교통부장관에게 제출하여야 한다. 〈개정 2013. 3. 23.〉

② 제11조제1항에 따른 건축사 자격시험의 합격기준을 충족하는 합격예정자는 다음 각 호의 서류를 국토교통부장관에게 제출해야 한다. 〈개정 2013. 3. 23., 2020. 6. 9.〉

1. 제6조의7제4항 전단에 따른 실무수련 완료 증명서
2. 경력증명서(법 제13조제1항 단서에 해당하는 사람만 제출한다)
3. 외국에서 건축사 면허를 받거나 자격을 취득한 사실을 증명하는 서류(법 제13조제1항 단서에 해당하는 사람만 제출한다)
4. 삭제 〈2022. 7. 26.〉

③ 제2항에 따라 서류를 받은 국토교통부장관은 합격예정자가 외국인인 경우 「전자정부법」 제36조제1항에 따른 행정정보의 공동이용을 통하여 「출입국관리법」 제88조에 따른 외국인등록 사실증명을 확인하여야 한다. 다만, 합격예정자가 확인에 동의하지 아니하는 경우에는 그 서류를 첨부하도록 하여야 한다. 〈개정 2018. 9. 28.〉

[전문개정 2012. 5. 30.]

[제6조의3에서 이동 〈2012. 5. 30.〉]

제7조(시험 시행 공고) 법 제14조제2항에 따라 국토교통부장관이 건축사 자격시험을 시행하려는 경우에는 시험일시ㆍ시험장소, 그 밖에 시험 실시에 필요한 사항을 시험일 90일 전까지 관보 또는 「신문 등의 진흥에 관한 법률」 제9조제1항에 따라 전국을 주된 보급지역으로 등록한 일간신문에 공고하여야 한다. 〈개정 2013. 3. 23.〉

[전문개정 2012. 5. 30.]

[제11조에서 이동, 종전 제7조는 제8조로 이동 〈 2012. 5. 30.〉]

제7조의2 삭제 〈2012. 5. 30.〉

제8조(시험과목의 면제) 법 제14조제3항에 따라 외국에서 건축사면허를 받거나 자격을 취득한 사람 중 이 법에 따른 건축사의 자격과 같은 자격이 있다고 국토교통부장관이 인정하는 사람으로서 통틀어 5년 이상 건축에 관한 실무경력이 있는 사람에 대해서는 제9조제1항에 따른 건축사 자격시험 과목 중 같은 항 제1호의 대지계획 과목을 면제한다. 〈개정 2013. 3. 23.〉

[전문개정 2012. 5. 30.]

[제7조에서 이동, 종전 제8조는 제9조로 이동 〈 2012. 5. 30.〉]

제9조(시험과목 등) ① 법 제16조에 따른 건축사 자격시험의 시험과목은 다음 각 호와 같다. 〈개정 2012. 5. 30.〉

1. 대지계획
2. 건축설계1
3. 건축설계2

② 삭제 〈1989. 7. 5.〉

③ 제1항에 따른 시험과목별 출제범위 및 출제방법, 그 밖에 필요한 사항은 국토교통부령으로 정한다. 〈개정 2012. 5. 30., 2013. 3. 23.〉

[전문개정 1979. 11. 5.]

[제목개정 2012. 5. 30.]

[제8조에서 이동, 종전 제9조는 제10조로 이동 〈 2012. 5. 30.〉]

제10조(시험방법) 법 제16조에 따라 건축사 자격시험은 실기시험의 방법으로 실시한다.

[전문개정 2012. 5. 30.]

[제9조에서 이동, 종전 제10조는 제11조로 이동 〈 2012. 5. 30.〉]

제11조(합격기준 등) ① 건축사 자격시험의 합격기준은 과목당 100점을 만점으로 하여 각 과목 60점 이상 득점한 사람을 합격으로 한다. 다만, 일부 과목만 60점 이상 득점한 경우에는 그 최종 합격 발표일 이후 5년 내 응시하는 5회의 시험에서 그 60점 이상 득점한 과목에 대한 시험을 면제한다. 〈개정 2016. 2. 11., 2020. 6. 9.〉

② 건축사 자격시험에 응시하기 위하여 응시원서를 국토교통부장관에게 제출했으나 응시원서 접수를 취소하거나 그 시험에 결시(缺試)한 경우에는 제1항 단서에 따른 응시 횟수에 포함하지 않는다. 〈신설 2020. 6. 9.〉

[전문개정 2012. 5. 30.]

[제10조에서 이동, 종전 제11조는 제7조로 이동 〈 2012. 5. 30.〉]

제12조 삭제 〈2012. 5. 30.〉

제13조 삭제 〈2012. 5. 30.〉

제14조 삭제 〈2012. 5. 30.〉

제15조 삭제 〈2000. 5. 10.〉

제16조 삭제 〈2012. 5. 30.〉

제17조 삭제 〈2012. 5. 30.〉

제18조 삭제 〈2012. 5. 30.〉

제19조 삭제 〈2012. 5. 30.〉

제20조(자격등록 및 갱신등록) ① 법 제18조제1항에 따라 건축사업무를 수행하기 위하여 등록하려는 사람은 국토교통부령으로 정하는 건축사 자격등록 신청서에 다음 각 호의 서류를 첨부하여 국토교통부장관에게 제출하여야 한다. 〈개정 2013. 3. 23.〉

1. 건축사 자격증 사본
2. 국토교통부령으로 정하는 건축사 윤리선언서
3. 제30조제2항에 따른 실무교육을 받은 사실을 증명하는 서류(법 제30조의2제2항 각 호의 어느 하나에 해당하는 사람만 제출한다)

② 법 제18조제1항에 따라 등록한 건축사는 법 제18조제7항에 따라 5년마다 등록을 갱신을 해야 한다. 〈개정 2020. 6. 9.〉

③ 법 제18조제7항에 따라 건축사 자격등록을 갱신하려는 사람은 국토교통부령으로 정하는 기간 내에 국토교통부령으로 정하는 건축사 자격 갱신등록 신청서에 제30조제1항에 따른 실무교육을 받은 사실을 증명하는 서류를 첨부하여 국토교통부장관에게 제출해야 한다. 〈개정 2013. 3. 23., 2020. 6. 9.〉

④ 국토교통부장관은 제1항에 따른 자격등록과 제3항에 따른 갱신등록을 신청한 사람이 법 제18조의2제1항 각 호의 등록거부 사유에 해당하는지를 심사하고, 그 결과를 자격등록 또는 갱신등록을 신청한 사람에게 통보하여야 한다. 〈개정 2013. 3. 23.〉

[전문개정 2012. 5. 30.]

제21조(건축사의 보험 또는 공제 가입) ① 법 제20조제3항에 따른 보험 또는 공제의 가입기간, 가입대상 및 가입금액은 다음 각 호와 같다.

1. 가입기간: 건설공사의 착공일부터 완공일까지의 기간
2. 가입대상: 건축물의 설계 및 공사감리
3. 가입금액: 건축물의 설계 및 공사감리의 계약금액

② 건축사가 건축물의 설계 및 공사감리 계약을 체결할 때에는 보험증서 또는 공제증서를 건축주에게 제출하여야 한다.

③ 제1항과 제2항에서 규정한 사항 외에 보험 또는 공제의 가입금액 산출방법, 가입절차 등에 관하여 필요한 세부 사항은 국토교통부장관이 정하여 고시한다. 〈개정 2013. 3. 23.〉

[전문개정 2012. 5. 30.]

제21조의2(외국 건축사 자격 취득자의 업무 수행) ① 외국의 건축사 면허 또는 자격을 가진 사람이 법 제23조제5항에 따라 건축물의 설계·공사감리 업무를 수행하기 위하여 건축주와 계약을 체결하려는 경우에는 건축사사무소개설자와 공동으로 계약서를 작성해야 한다. 〈개정 2012. 5. 30., 2020. 6. 9.〉

② 외국의 건축사 면허 또는 자격을 가진 사람이 법 제23조제5항에 따라 건축물의 설계·공사감리 업무를 수행하였을 때에는 설계도서와 감리보고서에 건축사사무소개설자와 공동으로 서명날인해야 한다. 〈개정 2012. 5. 30., 2020. 6. 9.〉

[본조신설 1995. 9. 2.]

[제목개정 2012. 5. 30.]

제22조(건축사사무소개설신고) 법 제23조제1항에 따른 건축사사무

소개설신고(이하 "건축사사무소개설신고"라 한다)를 하려는 자는 국토교통부령으로 정하는 건축사사무소개설신고서(전자문서로 된 신고서를 포함한다)에 다음 각 호의 서류(전자문서를 포함한다)를 첨부하여 특별시장·광역시장·특별자치시장·도지사·특별자치도지사(이하 "시·도지사"라 한다)에게 제출해야 한다. 이 경우 시·도지사는 「전자정부법」 제36조제1항에 따른 행정정보의 공동이용을 통하여 법인 등기사항증명서(법인인 경우만 해당한다)를 확인해야 한다. 〈개정 2013. 3. 23., 2020. 9. 8.〉

1. 건축사 자격등록증 사본
2. 사무실 보유증명서

[전문개정 2012. 5. 30.]

제23조(신고기준) 법인이 건축사사무소개설신고를 하려는 경우에는 그 대표자가 건축사여야 한다. 다만, 건축사가 아닌 사람이 건축사와 공동으로 설립하고 20명 이상의 건축사가 속한 법인이 국토교통부령으로 정하는 건축물을 대상으로 법 제19조에 따른 업무를 수행하는 경우에는 그러하지 아니하다. 〈개정 2013. 3. 23.〉

[전문개정 2012. 5. 30.]

제24조(신고확인증의 발급 등) ① 시·도지사는 제22조에 따른 건축사사무소개설신고를 받았을 때에는 법 제24조에 따른 신고 제한사유가 없으면 건축사사무소개설신고부에 필요한 사항을 기록하고, 신고확인증을 발급해야 한다. 〈개정 2013. 3. 23., 2020. 9. 8.〉

② 제1항의 건축사사무소개설신고부와 신고확인증의 서식 및 신고확인증의 재발급에 관한 사항은 국토교통부령으로 정한다. 〈개정

2013. 3. 23.〉

[전문개정 2012. 5. 30.]

제25조(건축사사무소개설신고 면제기관) 법 제23조제9항제3호에서 “대통령령으로 정하는 기관”이란 다음 각 호의 기관을 말한다. 〈개정 2019. 4. 2., 2020. 6. 9., 2020. 9. 10., 2021. 8. 31.〉

1. 국가
2. 지방자치단체
3. 「한국농수산식품유통공사법」에 따른 한국농수산식품유통공사
4. 「농업협동조합법」에 따른 농업협동조합중앙회
5. 「대한무역투자진흥공사법」에 따른 대한무역투자진흥공사
6. 「대한석탄공사법」에 따른 대한석탄공사
7. 「산림조합법」에 따른 산림조합중앙회
8. 「수산업협동조합법」에 따른 수산업협동조합
9. 「중소기업진흥에 관한 법률」에 따른 중소벤처기업진흥공단
10. 「지방공기업법」에 따라 설립된 지방공사 또는 지방공단
11. 「한국관광공사법」에 따른 한국관광공사
12. 「한국광해광업공단법」에 따른 한국광해광업공단
13. 「한국농어촌공사 및 농지관리기금법」에 따른 한국농어촌공사
14. 「한국도로공사법」에 따른 한국도로공사
15. 「한국석유공사법」에 따른 한국석유공사
16. 「한국수자원공사법」에 따른 한국수자원공사
17. 「한국은행법」에 따른 한국은행
18. 「한국전력공사법」에 따른 한국전력공사

19. 「한국조폐공사법」에 따른 한국조폐공사

20. 「한국철도공사법」에 따른 한국철도공사

21. 「한국토지주택공사법」에 따른 한국토지주택공사

22. 「국가철도공단법」에 따른 국가철도공단

[전문개정 2012. 5. 30.]

제26조 삭제 〈1995. 9. 2.〉

제27조 삭제 〈2000. 5. 10.〉

제28조 삭제 〈2000. 5. 10.〉

제29조(건축사사무소개설신고사항 등의 변경신고) ① 법 제27조에서 "대통령령으로 정하는 건축사사무소개설신고사항"이란 건축사사무소의 명칭을 말한다.

② 법 제27조에 따라 건축사사무소개설신고사항을 변경하거나 휴업 또는 폐업한 자는 그 사유가 발생한 날부터 30일 이내에 국토교통부령으로 정하는 신고서에 이를 증명할 수 있는 서류를 첨부하여 시·도지사에게 제출해야 한다. 〈개정 2013. 3. 23., 2016. 2. 11., 2020. 9. 8.〉

[전문개정 2012. 5. 30.]

제29조의2(건축사사무소개설신고 등의 효력상실 등의 기준) 법 제28조제1항에 따른 건축사사무소개설신고(법 제23조제9항 각 호 외의 부분 단서에 따른 신고를 포함하며, 이하 "건축사사무소개설신고 등"이라 한다)의 효력상실처분 및 업무정지명령의 기준과 같은 조 제2항에 따른 건축사보(실무수련자를 포함한다)의 업무정지명령의 기준은 별표 2와 같다. 〈개정 2020. 6. 9.〉

[전문개정 2012. 5. 30.]

제29조의3(건축사사무소개설신고부의 정리) 법 제29조제3호에서 “대통령령으로 정하는 사유가 있는 경우”란 다음 각 호의 어느 하나에 해당하는 경우를 말한다. 〈개정 2016. 2. 11.〉

1. 건축사의 사망사실이 확인된 경우

2. 법 제11조에 따라 건축사 자격을 취소한 경우

3. 법 제18조의3에 따라 자격등록을 취소한 경우

[전문개정 2012. 5. 30.]

제30조(건축사의 실무교육) ① 법 제30조의2제1항에 따라 건축사가 법 제18조제7항에 따른 갱신등록을 하려면 40시간 이상의 실무교육을 받아야 한다. 〈개정 2016. 2. 11., 2020. 6. 9.〉

② 법 제30조의2제2항 각 호에 따른 건축사가 법 제18조에 따른 자격등록을 하려면 다음 각 호의 구분에 따른 시간 이상의 실무교육을 받아야 한다. 〈개정 2016. 2. 11., 2020. 6. 9.〉

1. 법 제18조제7항에 따른 갱신등록을 하지 않아 자격등록의 효력이 상실된 건축사: 제1항의 실무교육시간 중 교육을 받지 않은 시간

2. 법 제18조의3에 따라 자격등록이 취소된 후 3년이 지난 건축사: 8시간

3. 법 제18조제1항에 따라 건축사 자격을 취득한 후 3년 이내에 등록하지 아니한 건축사: 8시간

③ 국토교통부장관은 제1항과 제2항에 따른 실무교육 대상자에게 실무교육의 시행에 필요한 비용을 부담하게 할 수 있다. 〈개정

2013. 3. 23.〉

④ 제1항과 제2항에 따른 실무교육의 운영, 실무교육 수료의 인정기준 등 실무교육 운영·수료, 교육비 부담 등에 관한 사항은 국토교통부장관이 정하여 고시한다. 〈개정 2013. 3. 23.〉

[전문개정 2012. 5. 30.]

제30조의2(건축사징계위원회의 구성 등) ① 법 제30조의4에 따른 건축사징계위원회(이하 "징계위원회"라 한다)는 다음 각 호의 위원으로 구성한다. 〈개정 2013. 3. 23.〉

1. 국토교통부 소속 공무원 2명

2. 건축사 2명

3. 「고등교육법」 제2조에 따른 대학에서 건축에 관한 과목을 가르치는 조교수 이상의 직(職)에 있는 사람 2명

4. 「비영리민간단체 지원법」 제2조에 따른 비영리민간단체에서 추천하는 사람(제2호 및 제3호의 자격을 가진 사람으로 한정한다) 2명

② 징계위원회의 위원 중 제1항제1호 외의 위원의 임기는 2년으로 하며, 한 차례만 연임할 수 있다.

③ 보궐위원의 임기는 전임자의 남은 임기로 한다.

④ 징계위원회에 간사 1명을 두며, 간사는 국토교통부 소속 공무원 중에서 국토교통부장관이 지명한다. 〈개정 2013. 3. 23.〉

[본조신설 2012. 5. 30.]

제30조의3(징계위원회의 위원장) ① 징계위원회의 위원장(이하 "위원장"이라 한다)은 징계위원회를 대표하고, 징계위원회의 업무를 총괄한다.

② 위원장은 법 제30조의3제5항에 따른 국토교통부장관의 요구에 따라 징계위원회를 소집하고 그 의장이 된다. 〈개정 2013. 3. 23.〉

③ 위원장이 부득이한 사유로 직무를 수행할 수 없을 때에는 국토교통부장관이 지명하는 징계위원회의 위원이 위원장의 직무를 대행한다. 〈개정 2013. 3. 23.〉

[본조신설 2012. 5. 30.]

제30조의4(제척, 기피 및 회피) ① 징계위원회의 위원이 다음 각 호의 어느 하나에 해당하는 경우에는 징계위원회의 의결에서 제척된다.

1. 징계위원회의 위원이 징계의결의 대상이 된 건축사(이하 "징계대상자"라 한다)와 친족이거나 친족이었던 경우

2. 징계위원회의 위원이 징계대상자와 연구·용역 등의 업무 수행에 동업 또는 그 밖의 형태로 직접 징계대상자의 업무에 관여한 경우

3. 징계위원회의 위원이 징계대상자가 개설신고한 건축사사무소 또는 징계대상자가 소속되었던 건축사사무소에 최근 3년 이내에 임원 또는 직원으로 재직한 경우

4. 그 밖에 징계위원회의 의결에 직접적인 이해관계가 있다고 인정되는 경우

② 징계대상자는 징계위원회의 위원에게 불공정한 의결을 할 염려가 있다고 의심할 만한 상당한 사유가 있는 경우에는 그 사유를 서면으로 소명(疎明)하고 기피 신청을 할 수 있다.

③ 징계위원회는 제2항에 따른 기피 신청을 받았을 때에는 징계

위원회의 의결로 해당 위원의 기피 여부를 결정하여야 한다. 이 경우 기피 신청을 받은 위원은 그 의결에 참여하지 못한다.

④ 징계위원회의 위원이 제1항이나 제2항의 사유에 해당하는 경우에는 스스로 그 사건의 의결에서 회피하여야 한다.

[본조신설 2012. 5. 30.]

제30조의5(위원의 위촉 해제) 국토교통부장관은 징계위원회의 위원이 다음 각 호의 어느 하나에 해당하는 경우에는 위촉을 해제할 수 있다. 〈개정 2013. 3. 23.〉

1. 심신장애로 인하여 직무를 수행할 수 없게 된 경우

2. 직무태만, 품위손상, 그 밖의 사유로 인하여 징계위원회의 위원으로 적합하지 아니하다고 인정된 경우

3. 직무와 관련한 형사사건으로 기소된 경우

4. 제30조의4제1항 각 호의 어느 하나에 해당함에도 불구하고 회피 신청을 하지 아니하여 징계위원회 의결의 공정성을 해친 경우

[본조신설 2012. 5. 30.]

제30조의6(징계위원회의 소집 등) ① 위원장이 징계위원회를 소집하려면 법 제30조의3제5항에 따른 국토교통부장관의 징계의결 요구 내용과 징계위원회의 심의 기일 등을 징계위원회의 위원과 징계대상자에게 징계위원회의 심의 기일 7일 전까지 알려야 한다. 〈개정 2013. 3. 23.〉

② 법 제30조의3제3항에 따라 시·도지사 또는 법 제31조에 따른 대한건축사협회가 국토교통부장관에게 징계를 요청하여 국토교통부장관이 징계의결을 요구한 경우 징계위원회는 해당 시·도지사 또

는 법 제31조에 따른 대한건축사협회에 국토교통부장관의 징계의결 요구 내용과 징계위원회의 심의 기일 등을 징계위원회 심의 기일 7일 전까지 알려야 한다. 〈개정 2013. 3. 23., 2020. 9. 8., 2022. 7. 26.〉

③ 징계위원회는 심의에 필요하다고 인정할 때에는 관계인 또는 관계 기관에 의견 진술 또는 자료 제출을 요구할 수 있다.

[본조신설 2012. 5. 30.]

제30조의7(징계의결 기한) 징계위원회는 법 제30조의3제5항에 따라 국토교통부장관의 징계의결 요구를 받은 날부터 60일 이내에 의결하여야 한다. 다만, 부득이한 사유가 있을 때에는 징계위원회의 의결로 60일의 범위에서 그 기간을 연장할 수 있다. 〈개정 2013. 3. 23.〉

[본조신설 2012. 5. 30.]

제30조의8(징계대상자 등의 출석·진술권 등) ① 징계대상자나 제30조의6제3항에 따른 관계인 또는 관계 기관의 임직원은 징계위원회에 출석하여 의견을 진술하거나 서면으로 의견을 제출할 수 있다.

② 징계대상자는 대리인을 선임하여 징계의결 요구 사항에 대한 보충 진술을 하게 하거나 증거자료를 제출하게 할 수 있다.

③ 위원장은 출석한 징계대상자나 선임된 징계대상자의 대리인에게 의견을 진술할 기회를 주어야 한다.

[본조신설 2012. 5. 30.]

제30조의9(징계위원회의 의결) 징계위원회의 회의는 재적위원 3분의 2 이상의 출석과 출석위원 과반수의 찬성으로 의결하되, 의견이 나

뉘어 출석위원 과반수의 찬성을 얻지 못한 경우에는 출석위원 과반수가 될 때까지 징계대상자에게 가장 불리한 의견에 차례로 유리한 의견을 더하여 가장 유리한 의견을 합의된 의견으로 본다.

[본조신설 2012. 5. 30.]

제30조의10(징계 사실의 통보) 국토교통부장관은 징계위원회의 의결에 따라 징계대상자에게 징계를 하였을 때에는 지체 없이 징계 사유와 징계 내용을 서면으로 징계대상자, 시ㆍ도지사 및 법 제31조에 따른 대한건축사협회에 각각 알려야 한다. 〈개정 2013. 3. 23., 2022. 7. 26.〉

[본조신설 2012. 5. 30.]

제31조(대한건축사협회의 임원 및 조직) ① 법 제31조에 따른 대한건축사협회(이하 "대한건축사협회"라 한다)에는 다음 각 호의 임원을 둔다.

1. 회장
2. 부회장
3. 이사
4. 감사

② 대한건축사협회에는 총회, 이사회 및 윤리위원회를 두며, 특별시ㆍ광역시ㆍ특별자치시ㆍ도ㆍ특별자치도(이하 "시ㆍ도"라 한다)별로 지부를 둔다.

③ 제1항 및 제2항에서 규정한 사항 외에 대한건축사협회의 임원 및 조직에 관하여 필요한 사항은 정관으로 정한다.

[본조신설 2022. 7. 26.]

[종전 제31조는 제32조로 이동 〈2022. 7. 26.〉]

제32조(정관의 기재사항) 대한건축사협회의 정관에는 다음 각 호의 사항이 포함되어야 한다. 〈개정 2022. 7. 26.〉

1. 목적
2. 명칭
3. 사업
4. 사무소의 소재지
5. 회원의 가입 및 탈퇴
6. 회원의 징계
7. 회원의 권리ㆍ의무
8. 회원의 교육
9. 자산
10. 임원의 선임(임원 후보 추천 절차를 포함한다)과 임원의 임기ㆍ권한 등
11. 조직의 구성ㆍ운영 등
12. 회계

[전문개정 2012. 5. 30.]

[제31조에서 이동 〈2022. 7. 26.〉]

제33조 삭제 〈2000. 5. 10.〉

제34조

[종전 제34조는 제38조로 이동 〈2012. 5. 30.〉]

제34조의2(정관의 기재사항) 법 제38조의3제1항에 따른 건축사공제조합(이하 "공제조합"이라 한다) 정관의 기재사항은 다음 각 호와 같다.

1. 목적
2. 명칭
3. 사무소의 소재지
4. 출자 1좌(座)의 금액과 그 납입 방법 및 지분 계산에 관한 사항
5. 조합원의 자격과 가입 · 탈퇴에 관한 사항
6. 자산 및 회계에 관한 사항
7. 총회에 관한 사항
8. 이사회에 관한 사항
9. 임원 및 직원에 관한 사항
10. 융자에 관한 사항
11. 업무와 그 집행에 관한 사항
12. 정관의 변경에 관한 사항
13. 해산과 잔여재산의 처리에 관한 사항
14. 공고의 방법에 관한 사항

[본조신설 2016. 2. 11.]

제34조의3(공제조합의 등기) ① 공제조합은 법 제38조의4제1항에 따라 설립인가를 받으면 주사무소의 소재지에서 다음 각 호의 사항을 등기하여야 한다.

1. 목적
2. 명칭
3. 사업
4. 사무소의 소재지
5. 설립인가의 연월일

6. 출자금의 총액

7. 출자 1좌의 금액

8. 출자의 방법

9. 출자증권양도의 제한에 관한 사항

10. 임원의 성명 및 주민등록번호(이사장의 경우에는 주소를 포함한다)

11. 대표권의 제한에 관한 사항

12. 대리인에 관한 사항

13. 공고의 방법

② 제1항 각 호의 등기사항에 변경이 있는 경우에는 그 변경이 발생한 날부터 3주 이내에 이를 등기하여야 한다. 다만, 제1항제6호에 따른 출자금 총액의 변경등기는 매 회계연도 말일을 기준으로 회계연도 종료 후에 하여야 한다.

[본조신설 2016. 2. 11.]

제34조의4(출자 및 조합원의 책임) ① 공제조합의 총 출자금은 그 조합원이 출자한 출자좌의 액면총액으로 한다.

② 출자 1좌의 금액은 균일하여야 한다.

③ 공제조합은 정관으로 정하는 바에 따라 조합원에게 그의 출자를 나타내는 출자증권을 발급하여야 한다.

④ 조합원의 책임은 그 출자지분액을 한도로 한다.

[본조신설 2016. 2. 11.]

제34조의5(공제조합의 보증대상 및 내용) ① 공제조합이 할 수 있는 보증대상은 조합원이 법 제19조에 따른 업무를 수행하는 과정에서

부담하는 의무 또는 채무로 한다.

② 법 제38조의5제1호에 따른 각 보증의 내용은 다음 각 호와 같다.

1. 입찰보증: 입찰에 참가하는 조합원이 입찰 참가자로서 부담하는 입찰보증금의 납부에 관한 의무이행을 보증하는 것

2. 계약보증: 조합원이 도급받은 업무 등의 계약이행과 관련하여 부담하는 계약보증금의 납부에 관한 의무이행을 보증하는 것

3. 선급금지급보증: 조합원이 도급받은 업무 등과 관련하여 수령하는 선금의 반환채무를 보증하는 것

4. 하자보수보증: 조합원이 완성한 업무에서 발생한 하자의 보수에 관한 의무이행을 보증하는 것

5. 하도급보증: 조합원이 하도급받으려거나 하도급받은 업무 등과 관련하여 부담하는 제1호부터 제4호까지와 같은 채무를 보증하는 것

6. 그 밖에 조합원의 업무와 관련하여 그가 부담하게 되는 재산상의 의무이행을 보증하는 것으로서 정관으로 정하는 보증

③ 공제조합은 그가 하는 각종 보증의 구체적인 내용, 범위 및 조건 등에 관하여 약관을 정하여 시행할 수 있다.

[본조신설 2016. 2. 11.]

제34조의6(보증한도) ① 공제조합이 보증할 수 있는 총 보증한도는 출자금과 준비금을 합산한 금액의 40배까지로 한다. 다만, 금융기관·보험회사 또는 이와 유사한 기관의 보증이나 보험에 의하여 보장을 받거나 그 밖에 담보물을 받고 하는 보증은 보증한도에 포함하

지 아니한다.

② 제1항에서 출자금과 준비금은 각 사업연도의 전년도 말 결산액을 기준으로 한다. 다만, 사업연도 중에 증자를 하였거나 「자산재평가법」에 따라 자산을 재평가한 경우에는 증자 또는 자산재평가를 마친 때의 출자금과 준비금을 기준으로 한다.

③ 공제조합이 조합원에 대하여 보증할 수 있는 보증종류별 한도는 보증종류별 사고율을 고려하여 정한다.

④ 공제조합은 제3항에 따라 보증종류별 한도를 정한 때에는 국토교통부장관에게 이를 통보하여야 한다.

[본조신설 2016. 2. 11.]

제34조의7(조사 및 검사) ① 법 제38조의8제2항에 따른 금융위원회의 조사 또는 검사는 국토교통부장관이 조사 또는 검사가 필요한 사유를 명시하여 금융위원회에 요청한 경우로 한정한다.

② 금융위원회는 법 제38조의8제2항에 따라 조사 또는 검사를 한 경우에는 그 결과를 지체 없이 국토교통부장관에게 통보하여야 한다. 이 경우 시정하여야 할 사항이 있으면 시정을 요구할 수 있다.

[본조신설 2016. 2. 11.]

제35조(권한의 위임 및 위탁) ① 국토교통부장관은 법 제38조의11제3항에 따라 법 제30조의3에 따른 건축사 징계에 관한 업무를 시·도지사에게 위임한다. 〈개정 2020. 9. 8.〉

② 국토교통부장관은 법 제38조의11제2항에 따라 다음 각 호의 업무를 대한건축사협회에 위탁한다. 〈개정 2013. 3. 23., 2016. 2. 11., 2020. 6. 9., 2022. 7. 26.〉

1. 법 제7조제2항에 따른 건축사보 신고의 접수

2. 법 제13조제3항에 따른 실무수련자 신고의 접수 및 이 영 제6조의7에 따른 실무수련의 확인 등

3. 법 제14조에 따른 건축사 자격시험의 관리

4. 법 제18조에 따른 등록의 접수 및 등록증 발급

5. 법 제19조의2에 따른 건축사 업무 실적의 관리 등

5의2. 법 제23조제5항 후단에 따른 외국의 건축사 면허 또는 자격 취득자 신고의 접수

6. 법 제30조의2에 따른 건축사에 대한 실무교육 실시

7. 제5조제2항에 따른 건축사 명부의 관리

③ 시 · 도지사 및 대한건축사협회는 제1항 및 제2항에 따라 위임받거나 위탁받은 사무를 처리하였을 때에는 그 결과를 국토교통부장관에게 보고해야 한다. 〈개정 2013. 3. 23., 2022. 7. 26.〉

④ 국토교통부장관은 시 · 도지사가 제1항에 따라 한 명령이나 처분 등이 위법 또는 부당하다고 인정될 때에는 그 명령 또는 처분 등을 취소하거나 중지시킬 수 있다. 〈개정 2013. 3. 23.〉

[전문개정 2012. 5. 30.]

제35조의2(시 · 도 건축사징계위원회) ① 법 제38조의11제3항 및 이 영 제35조제1항에 따라 건축사 징계에 관한 업무를 위임받은 시 · 도지사는 시 · 도에 두는 건축사징계위원회(이하 "시 · 도징계위원회"라 한다)의 의결에 따라 건축사를 징계한다. 〈개정 2016. 2. 11., 2022. 7. 26.〉

② 시 · 도징계위원회의 구성 · 운영에 관하여는 제30조의2부터 제

30조의10까지의 규정을 준용한다. 이 경우 "국토교통부장관"은 각각 "시·도지사"로, "국토교통부"는 각각 "시·도"로, "징계위원회"는 각각 "시·도징계위원회"로 본다. 〈개정 2013. 3. 23.〉

③ 제1항 및 제2항에도 불구하고 시·도지사가 시·도징계위원회를 따로 구성·운영하기 어려운 경우에는 「건축법」 제4조에 따라 해당 시·도에 두는 건축위원회의 심의를 거쳐 건축사를 징계할 수 있다. 이 경우 해당 건축위원회의 구성·운영에 관하여는 제30조의2 및 제30조의4부터 제30조의10까지의 규정을 준용한다.

[본조신설 2012. 5. 30.]

제35조의3(이의신청의 처리) ① 법 제38조의11제4항 전단에 따라 이의신청하려는 사람은 이의신청서에 이의신청의 취지와 이유를 적고 필요한 자료를 첨부하여 국토교통부장관에게 제출하여야 한다. 〈개정 2013. 3. 23., 2016. 2. 11.〉

② 국토교통부장관은 법 제38조의11제4항 후단의 결정을 하였을 때에는 지체 없이 그 결과와 이유를 이의신청인에게 알려야 한다. 〈개정 2013. 3. 23., 2016. 2. 11.〉

[본조신설 2012. 5. 30.]

제36조(실무교육 계획의 수립) 대한건축사협회는 제35조제2항제6호에 따라 위탁받은 건축사에 대한 실무교육을 실시하려는 경우 국토교통부령으로 정하는 바에 따라 실무교육계획을 수립(변경수립을 포함한다)하여 국토교통부장관의 승인을 받아야 한다. 〈개정 2013. 3. 23., 2022. 7. 26.〉

[전문개정 2012. 5. 30.]

제37조(고유식별정보의 처리) ① 국토교통부장관(법 제38조의11에 따라 국토교통부장관의 권한 또는 업무를 위임·위탁받은 자를 포함한다)은 다음 각 호의 사무를 수행하기 위하여 불가피한 경우 「개인정보 보호법 시행령」 제19조제1호 또는 제4호에 따른 주민등록번호 또는 외국인등록번호가 포함된 자료를 처리할 수 있다. 〈개정 2016. 2. 11., 2017. 3. 27., 2020. 6. 9.〉

1. 법 제7조제2항에 따른 건축사보의 신고에 관한 사무

2. 법 제8조제1항에 따른 건축사 자격증 발급을 위한 법 제9조에 따른 결격사유 확인에 관한 사무

3. 법 제13조제3항에 따른 실무수련을 받으려는 사람의 신고에 관한 사무

3의2. 법 제14조에 따른 건축사 자격시험에 관한 사무

4. 삭제 〈2020. 9. 8.〉

5. 법 제23조제5항 후단에 따른 외국의 건축사 면허 또는 자격을 가진 사람의 신고에 관한 사무

6. 법률 제3074호 건축사법중개정법률 부칙 제5항에 따른 면허증 발급에 관한 사무

7. 제5조제2항에 따른 건축사 명부의 관리에 관한 사무

② 시·도지사(해당 권한이 위임·위탁된 경우에는 그 권한을 위임·위탁받은 자를 포함한다)는 다음 각 호의 어느 하나에 해당하는 신고의 수리를 위한 법 제24조에 따른 신고의 제한 사항 확인에 관한 사무를 수행하기 위하여 불가피한 경우 「개인정보 보호법 시행령」 제19조제1호 또는 제4호에 따른 주민등록번호 또는 외국인등록

번호가 포함된 자료를 처리할 수 있다. 〈신설 2020. 9. 8.〉

1. 법 제23조제1항에 따른 건축사사무소개설신고

2. 법 제23조제9항 각 호 외의 부분 단서에 따른 건축사 업무 수행 신고

③ 공제조합은 법 제38조의5제1호부터 제3호까지의 규정에 따른 사업에 관한 사무를 수행하기 위하여 불가피한 경우 「개인정보 보호법 시행령」 제19조제1호 또는 제4호에 따른 주민등록번호 또는 외국인등록번호가 포함된 자료를 처리할 수 있다. 〈개정 2016. 2. 11., 2020. 9. 8.〉

[본조신설 2014. 8. 6.]

제38조(과태료의 부과기준) 법 제41조제1항 및 제2항에 따른 과태료의 부과기준은 별표 3과 같다.

[전문개정 2009. 5. 13.]

[제34조에서 이동 〈2012. 5. 30.〉]

부칙 〈제9183호, 1978. 10. 6.〉

①(시행일) 이 영은 공포한 날로부터 시행한다.

②(면허증등의 재교부) 법률 제3074호 건축사법중개정법률 부칙 제5항의 규정에 의하여 건축사면허증 및 면허수첩의 재교부를 받고자 하는 자는 건설부령이 정하는 바에 따라 도지사를 거쳐 건설부장관에게 신청하여야 한다. 〈개정 1979. 11. 5., 1981. 6. 24.〉

③(면허증등의 신청) 종전의 규정에 의한 시험에 합격한 자로서 면허증 및 면허수첩의 교부를 받고자 하는 자는 제4조제2항 각호의

서류를 갖추어 도지사를 거쳐 건설부장관에게 신청하여야 한다. 〈개정 1979. 11. 5., 1981. 6. 24.〉

④(건축사사무소등록증의 재교부) 법률 제3074호 건축사법중개정법률 부칙 제5항의 규정에 의하여 건축사사무소등록증의 재교부를 받고자 하는 자는 제22조의 규정에 의한 건축사사무소등록신청서에 제23조제1항 내지 제3항의 규정에 의한 건축사사무소등록기준에 적합한 요건을 갖추어 이 영 시행일로부터 6월내에 건설부장관에게 신청하여야 한다.

⑤(경과조치) 이 영 시행당시 종전의 규정에 의하여 도지사에게 등록을 한 건축사사무소는 제4항의 규정에 의하여 등록증의 재교부를 받을 때까지 이 영에 의한 건축사사무소로 본다.

부칙 〈제9652호, 1979. 11. 5.〉

①(시행일) 이 영은 공포한 날로부터 시행한다.

②삭제 〈1980. 5. 26.〉

부칙 〈제9878호, 1980. 5. 26.〉

①(시행일) 이 영은 공포한 날로부터 시행한다. 다만, 제25조제1항의 규정은 1980년 10월 1일부터 시행한다.

②(2급건축사에 관한 특례) 법률 제3242호 건축사법중개정법률 부칙 제2항의 규정에 의하여 2급건축사로서 5년이상 건축에 관한 실무경력이 있는 자는 다음 각호의 과목에 대하여 건설부령이 정하는 바에 따라 특별전형시험으로 건축사의 면허를 받을 수 있다. 〈개

정 1989. 7. 5., 1995. 9. 2.〉

1. 건축구조

2. 건축계획

③(경과조치) 이 영 시행당시 건축사사무소의 등록을 한 자로서 종합건축사사무소의 업무를 하고자 하는 자는 건설부령이 정하는 바에 따라 제23조제2항의 규정에 의한 기준에 적합한 건축사보를 확보하여 등록사항의 변경을 신청하여야 한다.

부칙 〈제10370호, 1981. 6. 24.〉

이 영은 공포한 날로부터 시행한다.

부칙 〈제10867호, 1982. 7. 14.〉

이 영은 공포한 날로부터 시행한다. 다만, 제25조제2항의 개정규정은 1983년 1월 1일부터 시행한다.

부칙 〈제11706호, 1985. 6. 15.〉

①(시행일) 이 영은 공포한 날로부터 시행한다. 다만, 제8조제1항의 개정규정은 1988년 1월 1일부터 시행한다.

②(건축사면허증등 갱신기간의 만료일에 관한 경과조치) 1980년 12월 31일이전에 교부된 건축사의 면허증 및 면허수첩의 갱신기간의 만료일은 제6조의2의 개정규정에 불구하고 1986년 6월 30일로 한다.

③(다른 법령의 개정) 기술용역육성법시행령중 다음과 같이 개정

한다.

제2조에 제2항을 다음과 같이 신설한다.

②법 제2조제4호에서 "그 공장의 운전에 필요한 건축물"이라 함은 기계실·변전실과, 사무실·창고·휴게실 기타 총리령이 정하는 부속건축물로서 특수공장건축물의 건설기간중에 건축되는 건축물을 말한다.

부칙 〈제12692호, 1989. 5. 1.〉 (건설기술관리법시행령)

제1조 (시행일) 이 영은 공포후 3월이 경과한 날로부터 시행한다. [단서 생략]

제2조 생략

제3조(다른법령의 개정) ①및 ③ 생략

④건축사법시행령중 다음과 같이 개정한다.

제3조제3항중 "중앙설계심사위원회"를 "건설기술관리법시행령에 의한 중앙건설기술심의위원회"로 한다.

⑤및 ⑥ 생략

제4조 내지 제5조 생략

부칙 〈제12751호, 1989. 7. 5.〉

이 영은 공포한 날로부터 시행한다. 다만, 제14조제1항의 개정규정은 1990년 1월 1일부터 시행한다.

부칙 〈제14447호, 1994. 12. 23.〉 (건설교통부와그소속기관

직제)

제1조 (시행일) 이 영은 공포한 날부터 시행한다.〈단서 생략〉

제2조 내지 제4조 생략

제5조 (다른법령의 개정) ①내지 〈87〉생략

〈88〉 건축사법시행령중 다음과 같이 개정한다.

제3조제1항 내지 제5항, 제4조제1항 내지 제3항, 제5조제1항 내지 제3항, 제6조제1항 · 제2항 · 제6조의2제1항 · 제2항 · 제9조제1항, 제11조, 제14조제3항, 제15조, 제22조, 제24조제1항, 제25조제3항 · 제5항, 제28조, 제29조제1항 · 제2항, 제30조제1항 · 제3항, 제33조, 제34조제2항 · 제3항, 제35조제1항 내지 제3항 및 제36조중 "건설부장관"을 각각 "건설교통부장관"으로 하고, 제14조제2항중 "건설부차관"을 "건설교통부차관"으로 하며, 제5조, 제13조 및 제18조제2항중 "건설부"를 각각 "건설교통부"로 하고, 제3조제1항 · 제6항, 제4조제1항 · 제3항, 제5조제4항, 제6조제1항, 제8조제3항, 제12조, 제21조제1항 · 제2항, 제22조, 제24조제2항, 제25조제3항 내지 제5항, 제27조 및 제36조중 "건설부령"을 각각 "건설교통부령"으로 한다.

〈89〉 내지 〈205〉 생략

부칙 〈제14759호, 1995. 9. 2.〉

이 영은 공포한 날부터 시행한다. 다만, 제4조 · 제5조 · 제7조 · 제7조의2 · 제8조 내지 제13조 · 제15조 및 제21조의2의 개정규정은 1996년 1월 1일부터 시행한다.

부칙 〈제14891호, 1995. 12. 30.〉 (건축법시행령)

제1조 (시행일) 이 영은 1996년 1월 6일부터 시행한다.〈단서 생략〉

제2조 및 제3조 생략

제4조 (다른 법령의 개정등) ①건축사법시행령중 다음과 같이 개정한다.

제2조 및 제3조를 각각 삭제한다.

[별표1]을 삭제한다.

② 생략

부칙 〈제15598호, 1997. 12. 31.〉 (행정절차법의시행에따른 관세법시행령등의개정령)

이 영은 1998년 1월 1일부터 시행한다.

부칙 〈제16808호, 2000. 5. 10.〉

①(시행일) 이 영은 공포한 날부터 시행한다. 다만, 제7조 및 제8조 내지 제10조, 제21조 및 제35조제2항 본문의 개정규정은 2001년 1월 1일부터 시행한다.

②(건축사 업무정지 등 처분기준에 관한 적용례) 별표 1의 개정규정은 이 영 시행이후 최초로 행하여지는 위반행위부터 적용한다.

③(종전의 건축사위원회 및 그 위원의 임기에 관한 경과규정) 이 영 시행당시 종전의 건축사위원회 및 그 위원은 제13조의 개정규정에 의한 건축사자격심의위원회 및 그 위원으로 본다. 이 경우 종전의 건축사위원회의 위원중 공무원이 아닌 위원의 임기는 2000년 6

월 30일까지로 한다.

부칙 〈제17545호, 2002. 3. 18.〉

이 영은 공포한 날부터 시행한다.

부칙 〈제18312호, 2004. 3. 17.〉 (전자적민원처리를위한가석방자관리규정등중개정령)

이 영은 공포한 날부터 시행한다.

부칙 〈제18952호, 2005. 7. 18.〉

이 영은 공포한 날부터 시행한다.

부칙 〈제19507호, 2006. 6. 12.〉 (행정정보의 공동이용 및 문서감축을 위한 국가채권관리법 시행령 등 일부개정령)

이 영은 공포한 날부터 시행한다.

부칙 〈제19513호, 2006. 6. 12.〉 (고위공무원단 인사규정)

제1조 (시행일) 이 영은 2006년 7월 1일부터 시행한다.

제2조 및 제3조 생략

제4조 (다른 법령의 개정) ①내지 ⑤생략

⑥건축사법 시행령 일부를 다음과 같이 개정한다.

제14조제2항중 "건설교통부소속 1급공무원"을 "건설교통부의 고위공무원단에 속하는 일반직공무원"으로 한다.

⑦내지 <241>생략

부칙 <제20120호, 2007. 6. 28.> (행정정보의 공동이용 및 문서감축을 위한 간접투자자산 운용업법 시행령 등 일부개정령)
이 영은 2007년 7월 4일부터 시행한다.

부칙 <제20722호, 2008. 2. 29.> (국토해양부와 그 소속기관 직제)
제1조(시행일) 이 영은 공포한 날부터 시행한다. 다만, 부칙 제6조에 따라 개정되는 대통령령 중 이 영의 시행 전에 공포되었으나 시행일이 도래하지 아니한 대통령령을 개정한 부분은 각각 해당 대통령령의 시행일부터 시행한다.
제2조 부터 제5조까지 생략
제6조(다른 법령의 개정) ① 부터 ⑨ 까지 생략
⑩ 건축사법 시행령 일부를 다음과 같이 개정한다.
제5조제1항 · 제2항 · 제3항, 제6조제2항, 제6조의3제1항 · 제2항 각 호 외의 부분, 제7조의2제1항, 제7조의2제2항 각 호 외의 부분, 제11조, 제13조제5호, 제14조제2항 · 제3항, 제20조, 제22조 각 호 외의 부분 전단, 제24조제1항, 제29조제2항, 제30조제1항 · 제3항, 제34조제2항 · 제3항, 제35조제1항 각 호 외의 부분 · 제2항 각 호 외의 부분 · 제3항 · 제4항, 제36조 중 “건설교통부장관”을 각각 “국토해양부장관”으로 한다.
제5조제2항, 제6조의3제1항, 제7조의2제1항, 제8조제3항, 제12

조, 제22조 각 호 외의 부분 전단, 제24조제2항, 제29조제2항, 제36조 "건설교통부령"을 각각 "국토해양부령"으로 한다.

제5조제2항, 제13조 각 호 외의 부분, 제14조제2항, 제18조제2항 중 "건설교통부"를 각각 "국토해양부"로 한다.

⑪ 부터 〈138〉 까지 생략

부칙 〈제21098호, 2008. 10. 29.〉 (건축법 시행령)

제1조(시행일) 이 영은 공포한 날부터 시행한다. 〈단서 생략〉

제2조 및 제3조 생략

제4조(다른 법령의 개정) ① 생략

② 건축사법 시행령 일부를 다음과 같이 개정한다.

별표 1 제2호 위반사항란의 제6호나목 중 "「건축법」 제21조제5항의 규정에 의한"을 "「건축법」 제25조제5항에 따른"으로 하고, 같은 호 다목 중 "「건축법」 제23조의 규정에 의한"을 "「건축법」 제27조에 따른"으로 한다.

별표 1 제2호 위반사항란의 제9호가목 중 "「건축법」 제21조제2항 또는 제3항의 규정에 의한"을 "「건축법」 제25조제2항 또는 제3항에 따른"으로 하고, 같은 호 나목 중 "「건축법」 제21조제7항의 규정에 의한"을 "「건축법」 제25조제7항에 따른"으로 하며, 같은 호 다목 중 "「건축법」 제23조의 규정에 의한"을 "「건축법」 제27조에 따른"으로 하고, 같은 호 라목 중 "「건축법」 제24조의 규정에 의한"을 "「건축법」 제28조에 따른"으로 하며, 같은 호 마목 중 "「건축법」 제30조 및 동법 제31조의 규정에 의한"을 "「건축법」 제40조 및 같은 법 제41조에 따른"으로 하고, 같은 호 바목 중 "「건축법」 제33조 내지 동법 제37조의 규정에 의한"을 "「건축법」 제44조부터 제47조까지의 규정에 따른"으로 하며, 같은 호 사목 중 "「건축법」 제38조의 규정에 의한"을 "「건축법」 제48조에 따른"으로 하고, 같은 호 아목 중 "「건축법」 제39조 내지 제41조 및 동법 제43조의 규정에 의한"을 "「건축법」 제49조부터 제52조까지의 규정에 따른"으로 하며, 같은 호 자목 중 "「건축법」 제44조, 동법 제47조 내지 제49조, 동법 제50조의2, 동법 제51조, 동법 제53조 내지 제55조 및 동법 제67조의 규정을"을 "「건축법」 제43조, 제53조, 제55조부터 제57조까지 및 제59조부터 제62조까지를"로 한다.

③ 부터 ㊳ 까지 생략

부칙 〈제21214호, 2008. 12. 31.〉 (행정안전부와 그 소속기관 직제)

제1조(시행일) 이 영은 공포한 날부터 시행한다. 〈단서 생략〉

제2조 부터 제4조까지 생략

제5조(다른 법령의 개정) ① 부터 〈150〉 까지 생략

〈151〉 건축사법 시행령 일부를 다음과 같이 개정한다.

제5조제4항 중 "건설교통부령"을 "국토해양부령"으로 한다.

〈152〉 부터 〈175〉 까지 생략

부칙 〈제21489호, 2009. 5. 13.〉

제1조(시행일) 이 영은 공포한 날부터 시행한다.

제2조(경과조치) ① 이 영 시행 전의 위반행위에 대한 행정처분은 이 영의 개정규정 중 1차 위반행위의 행정처분기준에 따른다.

② 이 영의 개정규정에 따라 위반행위의 횟수에 따른 행정처분기준을 적용하는 경우 이 영 후에 최초로 한 위반행위를 1차의 위반행위로 본다.

부칙 〈제21590호, 2009. 6. 30.〉 (한시적 행정규제 유예 등을 위한 건축법 시행령 등 일부 개정령)

제1조(시행일) 이 영은 2009년 7월 1일부터 시행한다. 다만, 제8조 및 제9조의 개정규정은 2010년 1월 1일부터 시행한다.

제2조(「농지법 시행령」 개정에 따른 유효기간 등) ①「농지법 시행령」 별표 2 제46호란의 개정규정은 2011년 6월 30일까지 효력을 가진다.

②「농지법 시행령」 별표 2 제46호란의 개정규정은 이 영 시행 후 최초로 농지전용허가(변경허가의 경우와 다른 법률에 따라 농지전용허가 또는 그 변경허가가 의제되는 인가 또는 허가 등의 경우를 포함한다. 이하 이 항에서 같다)를 신청하거나 농지전용신고(변경신고를 포함한다. 이하 이 항에서 같다)를 하는 것부터 적용하고, 2011년 6월 30일까지 농지전용허가를 신청하거나 농지전용신고를 하는 것에 대하여도 이를 적용한다.

제3조(「관광진흥법 시행령」개정에 따른 적용례) 「관광진흥법 시행령」 제32조제1호의 개정규정은 이 영 시행 전에 법 제15조에 따른 사업계획의 승인을 받거나 승인을 신청한 자에 대하여도 적용한다.

제4조(「산업입지 및 개발에 관한 법률 시행령」의 개정에 따른 적용례 등) ① 「산업입지 및 개발에 관한 법률 시행령」 제40조제2항의 개정규정은 이 영 시행 후 최초로 분양계획서를 작성하는 분부터 적용한다.

② 「산업입지 및 개발에 관한 법률 시행령」 제40조제2항의 개정규정에 따라 조례에 위임된 사항은 해당 조례가 제정 또는 개정될 때까지 종전의 규정에 따른다.

제5조(「고용보험법 시행령」의 개정에 따른 경과조치) 「고용보험법 시행령」 제13조제1항제2호의 개정규정은 이 영 시행 후 최초로 「고용보험법 시행령」 제13조제1항에 따라 근로시간을 단축한 사업장부터 적용한다.

제6조(「부동산개발업의 관리 및 육성에 관한 법률 시행령」의 개정에 따른 경과조치) 이 영 시행 전의 행위에 대한 과태료의 적용은 종전의 규정에 따른다.

제7조(「신항만건설촉진법 시행령」의 개정에 따른 경과조치) 이 영 시행 당시 종전의 규정에 따라 신항만건설사업실시계획 승인 신청기간의 연장을 받아 그 기간 중에 있는 자에 대하여는 「신항만건설촉진법 시행령」 제9조제5항 후단의 개정규정을 적용하되, 같은 개정규정에 따라 1회의 연장을 받은 것으로 본다.

제8조(「자원의 절약과 재활용촉진에 관한 법률 시행령」의 개정에 따른 경과조치) 이 영 시행 전의 행위에 대한 과태료의 적용은 종전의 규정에 따른다.

제9조(「하수도법 시행령」의 개정에 따른 경과조치) ① 「하수도법 시

행령」 제38조제2항제2호가목의 개정규정에 따른 최초의 재교육은 이 영 시행 전에 실시한 가장 최근의 재교육 완료일부터 기산하여 5년이 되는 날이 속하는 해에 실시한다.

② 「하수도법 시행령」 제38조제2항제2호나목의 개정규정은 이 영 시행 후 최초로 해당 영업정지처분을 받은 경우부터 적용한다.

부칙 〈제21626호, 2009. 7. 7.〉 (규제일몰제 적용을 위한 옥외광고물 등 관리법 시행령 등 일부개정령)

이 영은 공포한 날부터 시행한다.

부칙 〈제21668호, 2009. 8. 5.〉 (건축법 시행령)

제1조(시행일) 이 영은 2009년 8월 7일부터 시행한다. 〈단서 생략〉

제2조 생략

제3조(다른 법령의 개정) ① 생략

② 건축사법 시행령 일부를 다음과 같이 개정한다.

제6조의2 중 "「건축법 시행령」 제5조제4항제3호"를 "「건축법 시행령」 제5조제4항제4호"로 한다.

부칙 〈제22151호, 2010. 5. 4.〉 (전자정부법 시행령)

제1조(시행일) 이 영은 2010년 5월 5일부터 시행한다.

제2조 및 제3조 생략

제4조(다른 법령의 개정) ① 부터 ⑪ 까지 생략

⑫ 건축사법 시행령 일부를 다음과 같이 개정한다.

제6조의3제3항 각 호 외의 부분 및 제22조 각 호 외의 부분 후단 중 "「전자정부법」 제21조제1항"을 각각 "「전자정부법」 제36조제1항"으로 한다.

⑬ 부터 〈192〉 까지 생략

부칙 〈제22467호, 2010. 11. 2.〉 (행정정보의 공동이용 및 문서감축을 위한 경제교육지원법 시행령 등 일부개정령)

이 영은 공포한 날부터 시행한다.

부칙 〈제22628호, 2011. 1. 17.〉

이 영은 2011년 1월 24일부터 시행한다.

부칙 〈제23535호, 2012. 1. 25.〉 (한국농수산식품유통공사법 시행령)

제1조(시행일) 이 영은 2012년 1월 26일부터 시행한다.

제2조(다른 법령의 개정) ① 생략

② 건축사법 시행령 일부를 다음과 같이 개정한다.

제25조제3호를 다음과 같이 한다.

3. 「한국농수산식품유통공사법」에 따른 한국농수산식품유통공사

③부터 ㉘까지 생략

제3조 생략

부칙 〈제23821호, 2012. 5. 30.〉

제1조(시행일) 이 영은 2012년 5월 31일부터 시행한다.

제2조(건축사 자격시험의 공고에 관한 적용례) 제7조의 개정규정은 2013년 1월 1일 이후에 시행하는 건축사 자격시험부터 적용한다.

제3조(실무수련 자격 인정에 관한 특례) 법 부칙(법률 제10756호 건축사법 일부개정법률 부칙을 말한다) 제2조제1항에서 "대통령령으로 정하는 교육과정"이란 제6조의4제2항제1호 또는 제2호의 어느 하나에 해당하는 교육과정을 말한다.

제4조(실무수련을 받은 것으로 보는 실무경력에 관한 특례) ① 법 부칙(법률 제10756호 건축사법 일부개정법률 부칙을 말한다) 제2조제2항에서 "건축에 관한 실무경력 중 대통령령으로 정하는 경력"이란 종전의 제12조에 따른 1등급부터 3등급까지의 구분에 따라 인정되는 건축에 관한 실무경력으로서 제2항에 따라 산정한 실무수련 기간(이하 이 조에서 "산정 실무수련 기간"이라 한다) 4년에 상당하는 경력을 말한다. 다만, 이 영 시행 전에 부칙 제3조에 따른 교육과정으로서 사단법인 한국건축학교육인증원이 인증한 교육과정을 이수한 사람에 대해서는 종전의 제12조에 따른 1등급부터 3등급까지의 구분에 따라 인정되는 건축에 관한 실무경력으로서 산정 실무수련 기간 3년에 상당하는 경력을 말한다.

② 부칙 제3조에 따른 교육과정을 이수한 사람의 산정 실무수련 기간은 종전의 제12조에 따른 1등급부터 3등급까지의 구분에 따라 인정되는 건축에 관한 실무경력 기간의 80퍼센트로 한다.

③ 이 영 시행 전에 부칙 제3조에 따른 교육과정을 이수한 사람의 산정 실무수련 기간이 4년(부칙 제3조에 따른 교육과정을 이수

한 사람으로서 사단법인 한국건축학교육인증원이 인증한 교육과정을 이수한 사람은 3년)의 산정 실무수련 기간에 미치지 못하는 경우 이 영 시행 당시 종사한 해당 업무에 한정하여 건축에 관한 실무경력을 쌓을 수 있다.

④ 부칙 제3조에 따른 교육과정을 이수한 사람이 이 영 시행 전의 산정 실무수련 기간과 제3항에 따라 쌓은 실무경력의 산정 실무수련 기간의 합계가 4년(부칙 제3조에 따른 교육과정을 이수한 사람으로서 사단법인 한국건축학교육인증원이 인증한 교육과정을 이수한 사람은 3년)에 이르는 때에 이 영에 따른 실무수련을 받은 것으로 본다.

제5조(이 영 시행 당시 건축사예비시험에 합격한 사람에 관한 특례) ① 법 부칙(법률 제10756호 건축사법 일부개정법률 부칙을 말한다) 제3조제1항에 따른 건축사 자격시험 특별전형은 법 제14조에 따른 건축사 자격시험과 같이 실시한다.

② 건축사 자격시험 특별전형을 실시하는 경우 제7조부터 제11조까지의 개정규정을 준용한다.

제6조(감독건축사에 관한 경과조치) 제6조의6제2항의 개정규정에도 불구하고 법 부칙(법률 제10756호 건축사법 일부개정법률 부칙을 말한다) 제6조제1항에 따라 법에 따른 자격등록을 한 것으로 보는 건축사는 이 영 시행일부터 1년 동안 이 영에 따른 감독건축사가 될 수 있다.

제7조(건축사예비시험의 시행 등에 관한 경과조치) 2019년 12월 31일까지 실시되는 건축사예비시험에 관한 다음 각 호의 사항은 해당 각 호에서 정하는 규정에 따른다.

1. 건축사예비시험의 응시절차 등: 종전의 제7조의2

2. 건축사예비시험의 시험과목 등: 종전의 제8조

3. 건축사예비시험의 시험방법: 종전의 제9조

4. 건축사예비시험의 합격기준 등: 종전의 제10조

5. 건축사예비시험의 시험 시행 공고: 종전의 제11조

6. 건축사예비시험의 경력 인정기준: 종전의 제12조

7. 제1호부터 제6호까지의 규정에 따라 건축사예비시험에 합격한 사람의 건축사 자격시험 응시절차: 종전의 제6조의3

8. 건축사예비시험의 관리: 종전의 제35조

제8조(건축사자격심의위원회의 운영에 관한 경과조치) 2026년 12월 31일까지 실시되는 건축사 자격시험 특별전형에 따른 건축사 자격의 취득과 관련한 심의를 위한 건축사자격심의위원회에 관한 다음 각 호의 사항은 해당 각 호에서 정하는 규정에 따른다.

1. 건축사자격심의위원회의 업무: 종전의 제13조

2. 건축사자격심의위원회의 구성 및 위원의 임기: 종전의 제14조

3. 건축사자격심의위원회 위원장의 직무: 종전의 제16조

4. 건축사자격심의위원회의 회의: 종전의 제17조

5. 건축사자격심의위원회의 간사 및 서기: 종전의 제18조

6. 건축사자격심의위원회 위원의 수당과 여비: 종전의 제19조

7. 건축사자격심의위원회의 운영: 종전의 제20조

부칙 〈제24443호, 2013. 3. 23.〉 (국토교통부와 그 소속기관 직제)

제1조(시행일) 이 영은 공포한 날부터 시행한다. 〈단서 생략〉

제2조 부터 제5조까지 생략

제6조(다른 법령의 개정) ①부터 ⑧까지 생략

⑨ 건축사법 시행령 일부를 다음과 같이 개정한다.

제5조제1항부터 제3항까지, 제6조제2항, 제6조의4제2항제3호, 제6조의6제2항, 제6조의7제3항, 같은 조 제4항 전단 및 후단, 같은 조 제5항, 제6조의8제1항, 같은 조 제2항 각 호 외의 부분, 같은 조 제3항 각 호 외의 부분, 제7조, 제8조, 제20조제1항 각 호 외의 부분, 같은 조 제3항 · 제4항, 제21조제3항, 제22조 각 호 외의 부분 전단 및 후단, 제24조제1항, 제29조제2항, 제30조제3항 · 제4항, 제30조의2제4항, 제30조의3제2항 · 제3항, 제30조의5 각 호 외의 부분, 제30조의6제1항 · 제2항, 제30조의7 본문, 제30조의10, 제35조제1항 각 호 외의 부분, 같은 조 제2항 각 호 외의 부분, 같은 조 제3항 · 제4항, 제35조의2제2항 후단, 제35조의3제1항 · 제2항 및 제36조 중 "국토해양부장관"을 각각 "국토교통부장관"으로 한다.

제5조제2항, 제30조의2제1항제1호, 같은 조 제4항 및 제35조의2제2항 후단 중 "국토해양부"를 각각 "국토교통부"로 한다.

제5조제4항, 제6조의7제2항, 제6조의8제1항, 제9조제3항, 제20조제1항 각 호 외의 부분, 같은 항 제2호, 같은 조 제3항, 제22조 각 호 외의 부분 전단, 제23조 단서, 제24조제2항, 제29조제2항 및 제36조 중 "국토해양부령"을 각각 "국토교통부령"으로 한다.

⑩부터 〈146〉까지 생략

부칙 〈제25532호, 2014. 8. 6.〉 (민감정보 및 고유식별정보 처리 근거 마련을 위한 공공기관의 운영에 관한 법률 시행령 등 일부개정령)

이 영은 2014년 8월 7일부터 시행한다.

부칙 〈제25716호, 2014. 11. 11.〉 (건축법 시행령)

제1조(시행일) 이 영은 공포한 날부터 시행한다. 〈단서 생략〉

제2조 및 제3조 생략

제4조(다른 법령의 개정) ① 생략

② 건축사법 시행령 일부를 다음과 같이 개정한다

제6조의2 중 "「건축법 시행령」 제5조제4항제4호"를 "「건축법 시행령」 제2조제17호"로 한다.

부칙 〈제26975호, 2016. 2. 11.〉

제1조(시행일) 이 영은 2016년 2월 12일부터 시행한다.

제2조(건축사 자격시험 일부 과목 면제에 관한 적용례) 제11조 단서의 개정규정은 2014년도 및 2015년도의 건축사 자격시험에서 3회차 면제를 받은 사람에 대해서도 적용한다.

제3조(다른 법령의 개정) ① 국가를 당사자로 하는 계약에 관한 법률 시행령 일부를 다음과 같이 개정한다.

제37조제2항제4호러목을 다음과 같이 한다.

러. 「건축사법」에 따른 건축사공제조합

② 지방자치단체를 당사자로 하는 계약에 관한 법률 시행령 일부

를 다음과 같이 개정한다.

제37조제2항제4호더목을 다음과 같이 한다.

더. 「건축사법」에 따른 건축사공제조합

부칙 〈제27960호, 2017. 3. 27.〉 (주민등록번호 등의 처리 제한을 위한 세무사법 시행령 등 일부개정령)

이 영은 2017년 3월 30일부터 시행한다. 〈단서 생략〉

부칙 〈제28586호, 2018. 1. 16.〉 (시설물의 안전 및 유지관리에 관한 특별법 시행령)

제1조(시행일) 이 영은 2018년 1월 18일부터 시행한다. 〈단서 생략〉

제2조 부터 제6조까지 생략

제7조(다른 법령의 개정) ① 및 ② 생략

③ 건축사법 시행령 일부를 다음과 같이 개정한다.

별표 1의 1등급란 제2호사목 중 "「시설물의 안전관리에 관한 특별법」"을 "「시설물의 안전 및 유지관리에 관한 특별법」"으로 한다.

④부터 ㉔까지 생략

제8조 생략

부칙 〈제29194호, 2018. 9. 28.〉 (주민등록표 등본·초본 제출요구 감축을 위한 간선급행버스체계의 건설 및 운영에 관한 특별법 시행령 등 7개 대통령령 일부개정령)

이 영은 공포한 날부터 시행한다. 〈단서 생략〉

부칙 〈제29677호, 2019. 4. 2.〉 (중소기업진흥에 관한 법률 시행령)

제1조(시행일) 이 영은 공포한 날부터 시행한다.

제2조(다른 법령의 개정) ① 및 ② 생략

③ 건축사법 시행령 일부를 다음과 같이 개정한다.

제25조제9호 중 "중소기업진흥공단"을 "중소벤처기업진흥공단"으로 한다.

④부터 〈61〉까지 생략

부칙 〈제30075호, 2019. 9. 10.〉 (해외건설 촉진법 시행령)

제1조(시행일) 이 영은 공포한 날부터 시행한다.

제2조(다른 법령의 개정) ① 건축사법 시행령 일부를 다음과 같이 개정한다.

별표 1의 1등급의 경력구분란 제2호나목 중 "해외건설업자"를 "해외건설사업자"로 한다.

② 생략

부칙 〈제30337호, 2020. 1. 7.〉 (건설기술 진흥법 시행령)

제1조(시행일) 이 영은 공포한 날부터 시행한다.

제2조(다른 법령의 개정) ① 및 ② 생략

③ 건축사법 시행령 일부를 다음과 같이 개정한다.

별표 1 1등급의 경력구분란 제2호마목 중 "건설기술용역업자"를 "건설기술용역사업자"로 한다.

④부터 ⑯까지 생략

부칙 <제30423호, 2020. 2. 18.> (건설산업기본법 시행령)

제1조(시행일) 이 영은 공포한 날부터 시행한다.

제2조 부터 제4조까지 생략

제5조(다른 법률의 개정) ①부터 ④까지 생략

⑤ 건축사법 시행령 일부를 다음과 같이 개정한다.

별표 1 1등급의 경력구분란 제2호가목 중 “건설업자”를 “건설사업자”로 한다.

⑥부터 ⑳까지 생략

부칙 <제30774호, 2020. 6. 9.>

제1조(시행일) 이 영은 공포한 날부터 시행한다.

제2조(시험과목의 면제에 관한 적용례) 제11조제1항 단서 및 같은 조 제2항의 개정규정은 2015년부터 2019년까지의 건축사 자격시험에서 합격한 과목에 대해서도 적용한다.

부칙 <제30993호, 2020. 9. 8.> (중앙행정권한 및 사무 등의 지방 일괄 이양을 위한 30개 대통령령의 일부개정에 관한 대통령령)

이 영은 2021년 1월 1일부터 시행한다.

부칙 <제31012호, 2020. 9. 10.> (국가철도공단법 시행령)

제1조(시행일) 이 영은 2020년 9월 10일부터 시행한다.

제2조(다른 법령의 개정) ① 및 ② 생략

③ 건축사법 시행령 일부를 다음과 같이 개정한다.

제25조제22호를 다음과 같이 한다.

22. 「국가철도공단법」에 따른 국가철도공단

④부터 ㉜까지 생략

제3조 생략

부칙 〈제31211호, 2020. 12. 1.〉 (국토안전관리원법 시행령)

제1조(시행일) 이 영은 2020년 12월 10일부터 시행한다.

제2조(다른 법령의 개정) ①부터 ③까지 생략

④ 건축사법 시행령 일부를 다음과 같이 개정한다.

별표 1의 1등급 경력구분란 중 제2호사목을 다음과 같이 하고, 같은 호에 아목을 다음과 같이 신설한다.

사. 「국토안전관리원법」에 따른 국토안전관리원

아. 「시설물의 안전 및 유지관리에 관한 특별법」에 따라 등록한 안전진단전문기관

⑤부터 ⑰까지 생략

부칙 〈제31961호, 2021. 8. 31.〉 (한국광해광업공단법 시행령)

제1조(시행일) 이 영은 2021년 9월 10일부터 시행한다.

제2조 및 제3조 생략

제4조(다른 법령의 개정) ① 건축사법 시행령 일부를 다음과 같이 개정한다.

제25조제12호를 다음과 같이 한다.

12. 「한국광해광업공단법」에 따른 한국광해광업공단

②부터 ㉙까지 생략

제5조 생략

부칙 〈제31986호, 2021. 9. 14.〉 (건설기술 진흥법 시행령)

제1조(시행일) 이 영은 공포한 날부터 시행한다. 〈단서 생략〉

제2조 생략

제3조(다른 법령의 개정) ①부터 ⑥까지 생략

⑦ 건축사법 시행령 일부를 다음과 같이 개정한다.

별표 1의 1등급의 경력구분란 제2호마목 중 "건설기술용역사업자"를 "건설엔지니어링사업자"로 한다.

⑧부터 ㉖까지 생략

부칙 〈제32825호, 2022. 7. 26.〉

제1조(시행일) 이 영은 2022년 8월 4일부터 시행한다. 다만, 제6조의8제2항, 별표 2 및 별표 3의 개정규정은 공포한 날부터 시행한다.

제2조(업무정지 등 처분기준에 관한 경과조치) 이 영 시행 전의 위반행위에 대하여 업무정지 등 처분기준을 적용할 때에는 별표 2 제1호나목 단서의 개정규정에도 불구하고 종전의 규정에 따른다.

제3조(과태료의 부과기준에 관한 경과조치) 이 영 시행 전의 위반행위에 대하여 과태료의 부과기준을 적용할 때에는 별표 3 제1호나목 단서의 개정규정에도 불구하고 종전의 규정에 따른다.

제4조(다른 법령의 개정) ① 건축기본법 시행령 일부를 다음과 같이 개정한다.

제22조제1항제1호 중 “건축사협회”를 “대한건축사협회”로 한다.

② 건축물관리법 시행령 일부를 다음과 같이 개정한다.

제37조제1항제2호나목 중 “건축사협회”를 “대한건축사협회”로 한다.

③ 건축법 시행령 일부를 다음과 같이 개정한다.

제19조제11항 중 “「건축사법」에 따른 건축사협회 중에서 국토교통부장관이 지정하는 건축사협회”를 “「건축사법」 제31조에 따른 대한건축사협회”로 하고, 같은 조 제12항 중 “건축사협회”를 “대한건축사협회”로 한다.

④ 건축서비스산업 진흥법 시행령 일부를 다음과 같이 개정한다.

제10조제1항제2호 중 “건축사협회”를 “대한건축사협회”로 한다.

제16조제2호 중 “건축사협회”를 “대한건축사협회”로 한다.

⑤ 공동주택관리법 시행령 일부를 다음과 같이 개정한다.

제40조제1항제3호 중 “건축사협회”를 “대한건축사협회”로 한다.

별표 / 서식

[별표 1] 건축사보의 실무경력 인정기준(제2조의3제2항 관련)

[별표 1의2] 실무수련 과목과 수련 영역별 최소 수련일수(제6조의5 관련)

[별표 2] 업무정지 등 처분기준(제29조의2 관련)

[별표 3] 과태료의 부과기준(제38조 관련)

건축사법 시행규칙

[시행 2024. 9. 26.] [국토교통부령 제1390호, 2024. 9. 26., 타법개정]

제21조삭　제
제22조삭　제
제22조의2(건축사사무소개설신고 등의 통보)
제22조의3삭　제
제23조(수탁업무의 보고)
제24조(검사공무원의 증표)
제25조삭　제
제25조의2(수탁사무 처리를 위한 세부 기준 작성)
제26조(실무교육계획 수립 및 결과 보고)

**개정 예정 법률 밑줄 별도 표시.

건축사법 시행규칙

[시행 2024. 9. 26.] [국토교통부령 제1390호, 2024. 9. 26., 타법개정]

제1조(목적) 이 규칙은 「건축사법」 및 「건축사법 시행령」에서 위임된 사항과 그 시행에 필요한 사항을 규정함을 목적으로 한다.

[전문개정 2012. 5. 30.]

제2조(설계도서의 범위) 「건축사법」(이하 "법"이라 한다) 제2조제3호 나목에서 "국토교통부령으로 정하는 공사에 필요한 서류"란 다음 각 호의 서류를 말한다. 〈개정 2013. 3. 23.〉

1. 건축설비 계산 관계 서류
2. 토질 및 지질 관계 서류
3. 그 밖에 공사에 필요한 서류

[전문개정 2012. 5. 30.]

[제3조에서 이동, 종전 제2조는 제3조로 이동 〈2012. 5. 30.〉]

제3조(건축사보의 신고 등) ① 법 제7조제2항에 따라 건축사보가 되려는 사람은 별지 제1호서식의 건축사보 신고서에 다음 각 호의 서류를 첨부하여 법 제31조에 따른 건축사협회(이하 "건축사협회"라 한다)에 제출하여야 한다. 〈개정 2016. 2. 11.〉

1. 다음 각 목의 어느 하나에 해당하는 서류

가. 별지 제13호서식의 실무수련 신고확인증 사본

나. 국가기술자격증 사본

다. 학력 증명 서류(졸업증명서 또는 졸업예정 증명서를 포함한다) 및 실무경력 증명 서류

라. 건축사예비시험 합격증 사본

2. 주민등록증 사본 또는 운전면허증 사본(본인이 직접 신고하는 경우에는 주민등록증 또는 운전면허증의 제시로 갈음할 수 있다)

3. 증명사진(3.5㎝×4.5㎝) 1장

4. 건축사사무소 재직을 증명하는 서류(국민연금ㆍ국민건강보험ㆍ고용보험 또는 산업재해보상보험의 가입증명서 등 근무사실이 확인되는 증명서를 말한다)

② 제1항에 따른 신고를 받은 건축사협회는 신고를 한 사람이 법 제2조제2호 각 목의 요건에 해당할 때에는 별지 제2호서식의 건축사보 명부와 별지 제3호서식의 건축사보 신고 대장에 필요한 사항을 적고, 즉시 별지 제4호서식의 건축사보 신고확인증을 발급하여야 한다. 〈개정 2016. 2. 11.〉

③ 건축사보 신고를 한 사람이 성명 또는 근무처를 변경하였을 때에는 변경한 날부터 30일 내에 별지 제5호서식의 건축사보 신상변동 신고서에 다음 각 호의 서류를 첨부하여 건축사협회에 제출하여야 한다. 〈개정 2016. 2. 11.〉

1. 성명을 변경한 경우: 가족관계등록부 등의 증명서 중 기본증명서

2. 근무처를 변경한 경우

가. 변경된 건축사사무소 재직을 증명하는 서류(국민연금ㆍ국민

건강보험·고용보험 또는 산업재해보상보험의 가입증명서 등 근무사실이 확인되는 증명서를 말한다)

나. 별지 제36호서식의 건축사사무소개설 신고확인증 사본

④ 건축사보 신고확인증을 재발급받으려는 사람은 별지 제6호서식의 건축사보 신고확인증 재발급 신청서에 증명사진(3.5㎝×4.5㎝) 1장을 첨부하여 건축사협회에 제출하여야 한다. 〈개정 2016. 2. 11.〉

⑤ 삭제 〈2016. 2. 11.〉

[전문개정 2012. 5. 30.]

[제2조에서 이동, 종전 제3조는 제2조로 이동 〈2012. 5. 30.〉]

제4조 삭제 〈2000. 5. 22.〉

제5조(건축사 명부 및 건축사 자격증 등의 서식) ① 「건축사법 시행령」(이하 "영"이라 한다) 제5조제4항에 따른 건축사 명부는 별지 제7호서식, 건축사 자격증(이하 "자격증"이라 한다)은 별지 제8호서식에 따른다.

② 제1항의 건축사 명부는 전자적 처리가 불가능한 특별한 사유가 없으면 전자적 처리가 가능한 방법으로 작성·관리하여야 한다.

[전문개정 2012. 5. 30.]

제5조의2 삭제 〈2012. 5. 30.〉

제6조(자격증 등의 재발급 신청 등) ① 건축사가 자격증을 잃어버리거나 헐어서 못쓰게 되어 재발급받으려는 경우에는 별지 제9호서식의 건축사 자격증 재발급 신청서를 국토교통부장관에게 제출하여야 한다. 〈개정 2013. 3. 23.〉

② 제1항에 따라 자격증을 재발급받은 후 잃어버렸던 자격증을 발견하였을 때에는 지체 없이 다시 찾은 자격증을 국토교통부장관에게 반납하여야 한다. 〈개정 2013. 3. 23.〉

[전문개정 2012. 5. 30.]

제6조의2(실무수련자의 신고 등) ① 실무수련을 받으려는 사람이 법 제13조제3항에 따라 실무수련 신고(변경신고를 포함한다. 이하 같다)를 하려는 경우에는 별지 제10호서식의 실무수련 (변경)신고서에 다음 각 호의 서류를 첨부하여 건축사협회에 제출하여야 한다. 〈개정 2016. 2. 11.〉

1. 건축학 학위과정의 이수를 증명하는 서류

2. 재직을 증명하는 서류(국민연금 · 국민건강보험 · 고용보험 또는 산업재해보상보험의 가입증명서 등 근무사실이 확인되는 증명서를 말한다)

3. 증명사진(3.5㎝×4.5㎝) 2장

② 제1항에 따른 신고를 받은 건축사협회는 별지 제11호서식의 실무수련자 명부와 별지 제12호서식의 실무수련자 신고 대장에 필요한 사항을 적고, 신고를 받은 날부터 3일 내에 별지 제13호서식의 실무수련 (변경)신고확인증을 발급하여야 한다.

[본조신설 2012. 5. 30.]

제6조의3(실무수련의 기록 및 유지 · 관리) ① 영 제6조의7제2항의 실무수련 확인서는 별지 제14호서식에 따른다.

② 건축사협회는 영 제6조의7제3항에 따라 실무수련자나 실무수련을 받은 사람이 제1항에 따른 실무수련 확인서를 제출하면 실무

수련 확인서를 검토하여 별지 제11호서식의 실무수련자 명부에 필요한 사항을 적고, 유지·관리하여야 한다.

③ 영 제6조의7제4항의 실무수련 완료 증명서는 별지 제15호서식에 따른다.

[본조신설 2012. 5. 30.]

제7조(건축사 자격시험 응시원서) 영 제6조의8제1항의 건축사 자격시험 응시원서는 별지 제16호서식에 따른다.

[전문개정 2012. 5. 30.]

제7조의2 삭제 〈1995. 10. 17.〉

제8조(시험과목별 출제범위 등) 영 제9조제3항에 따른 시험과목별 출제범위 및 출제방법은 별표와 같다.

[전문개정 2012. 5. 30.]

제9조 삭제 〈2012. 5. 30.〉

제10조(수수료) ① 법 제17조제3호에 따른 건축사 자격시험 응시수수료의 금액은 12만5천원으로 한다. 다만, 국토교통부장관은 응시원서 접수 당시 다음 각 호의 어느 하나에 해당하는 사람에 대해서는 응시수수료를 감면할 수 있다. 〈개정 2013. 3. 23., 2016. 2. 11., 2021. 12. 15., 2024. 9. 26.〉

1. 「국민기초생활 보장법」에 따른 수급자 또는 차상위계층

2. 「장애인연금법」에 따른 수급자

3. 「한부모가족지원법」 제5조 및 제5조의2에 따른 지원대상자

② 국토교통부장관은 제1항에 따른 응시수수료를 납부한 사람에게 다음 각 호의 구분에 따라 응시수수료의 전부 또는 일부를 반환

해야 한다. 〈개정 2013. 3. 23., 2021. 12. 15., 2024. 9. 26.〉

1. 수수료를 과오납(過誤納)한 경우: 과오납한 금액의 전부

2. 국토교통부장관에게 책임 있는 사유로 응시하지 못한 경우: 납부한 수수료 전부

3. 응시원서 접수기간에 접수를 취소하는 경우: 납부한 수수료 전부

4. 응시원서 접수 마감일의 다음 날부터 시험 시행 20일 전까지 접수를 취소하는 경우: 납부한 수수료의 100분의 60

5. 시험 시행 19일 전부터 시험 시행 10일 전까지 접수를 취소하는 경우: 납부한 수수료의 100분의 50

6. 사고 또는 질병으로 입원(시험일이 입원기간에 포함되는 경우로 한정한다)하여 시험에 응시하지 못한 경우: 납부한 수수료 전부

7. 「감염병의 예방 및 관리에 관한 법률」에 따른 치료ㆍ입원 또는 격리(시험일이 치료ㆍ입원 또는 격리 기간에 포함되는 경우로 한정한다) 처분을 받아 시험에 응시하지 못한 경우: 납부한 수수료 전부

8. 본인이 사망하거나 다음 각 목의 사람이 시험일 7일 전부터 시험일까지의 기간에 사망하여 시험에 응시하지 못한 경우: 납부한 수수료 전부

    가. 응시수수료를 낸 사람의 배우자

    나. 응시수수료를 낸 사람 본인 및 배우자의 자녀

    다. 응시수수료를 낸 사람 본인 및 배우자의 부모

    라. 응시수수료를 낸 사람 본인 및 배우자의 조부모ㆍ외조부모

    마. 응시수수료를 낸 사람 본인 및 배우자의 형제자매

9. 그 밖에 영 제7조에 따른 시험 시행 공고에서 정하는 불가피

한 사유로 응시하지 못한 경우: 납부한 수수료의 전부 또는 100분의 50에 해당하는 금액 중 시험 시행 공고에서 정하는 금액

③ 건축사보 신고확인증의 발급 및 자격증의 발급 등에 따른 수수료의 금액은 다음 각 호와 같다. 〈개정 2020. 6. 18.〉

1. 법 제7조제2항 및 이 규칙 제3조제2항 및 제4항에 따른 건축사보 신고확인증의 발급과 재발급: 2천원

2. 제6조제1항에 따른 자격증 재발급: 2천원

3. 법 제13조제3항에 따른 실무수련 신고확인증 발급: 10만원

4. 법 제18조제1항 및 법 부칙(법률 제10756호 건축사법 일부개정법률 부칙을 말한다) 제6조제1항에 따른 건축사 자격등록증 발급: 20만원

5. 법 제18조제7항에 따른 건축사 갱신등록증 발급: 10만원

6. 법 제23조제1항에 따른 건축사사무소개설신고

가. 제15조에 따른 건축사사무소개설 신고확인증 발급: 2만원

나. 제17조제1항에 따른 건축사사무소개설 신고확인증 재발급: 2천원

7. 법 제23조제5항에 따라 국내의 건축사사무소개설자와 공동으로 건축사업을 하기 위한 다음 각 목의 신고

가. 제12조의2제3항에 따른 외국 건축사 자격 취득자의 신고확인증 발급: 2만원

나. 제12조의2제4항에 따른 외국 건축사 자격 취득자의 신고확인증 재발급: 2천원

8. 법 제23조제9항 단서에 따른 다음 각 목의 신고

가. 제16조제3항에 따른 엔지니어링사업자 또는 건설사업자에게 소속된 건축사의 그 업무에 관한 신고확인증 발급: 2만원

나. 제17조제1항에 따른 엔지니어링사업자 또는 건설사업자에게 소속된 건축사의 그 업무에 관한 신고확인증의 재발급: 2천원

④ 제3항 각 호의 수수료 중 해당 사무가 영 제35조제1항에 따라 특별시장 · 광역시장 · 도지사 또는 특별자치도지사(이하 "시 · 도지사"라 한다)에게 위임된 것인 경우에는 해당 지방자치단체의 수입증지 또는 정보통신망을 이용한 전자화폐 · 전자결제 등의 방법으로 납부할 수 있다.

[전문개정 2012. 5. 30.]

제10조의2(건축사 자격등록 신청서 등) ① 영 제20조제1항 각 호외의 부분의 건축사 자격등록 신청서 및 영 제20조제3항의 건축사 자격 갱신등록 신청서는 별지 제17호서식에 따르고, 영 제20조제1항제2호의 건축사 윤리선언서는 별지 제18호서식에 따르며, 영 제20조제1항제3호의 실무교육을 받은 사실을 증명하는 서류(실무교육 이수 증명서를 말한다)는 별지 제19호서식에 따른다.

② 법 제18조제3항의 건축사 자격등록증은 별지 제20호서식에 따른다.

[본조신설 2012. 5. 30.]

제10조의3(건축사 자격 갱신등록 신청기간) 영 제20조제3항에서 "국토교통부령으로 정하는 기간"이란 건축사 자격 등록일부터 5년이 지나기 180일 전부터 5년이 되는 날까지를 말한다. 〈개정 2013. 3. 23.〉

[본조신설 2012. 5. 30.]

제11조(업무 실적의 관리 등) ① 법 제19조의2제1항에 따른 업무 실적의 제출은 다음 각 호의 사항을 적은 별지 제21호서식의 설계 업무 실적 제출서 또는 별지 제22호서식의 공사감리업무 실적 제출서를 건축사협회에 제출하는 방법으로 한다.

1. 건축사의 성명 · 자격번호 및 사무소의 명칭 · 소재지
2. 용역의 명칭 · 금액 및 건축주 또는 발주자의 성명
3. 대지의 위치 · 면적 및 건축물의 건축면적 · 연면적 · 용도 · 구조 · 층수
4. 용역 수행기간
5. 공동도급의 경우 그 구성원 및 지분 비율

② 제1항에 따른 설계업무 실적 제출서 및 공사감리업무 실적 제출서에는 건축주 또는 발주자와의 계약서 사본을 첨부하여야 한다. 〈개정 2014. 12. 29.〉

1. 삭제 〈2014. 12. 29.〉
2. 삭제 〈2014. 12. 29.〉

③ 건축사협회는 제1항에 따라 업무 실적을 제출받았을 때에는 별지 제23호서식의 설계업무 실적 관리 대장 또는 별지 제24호서식의 공사감리업무 실적 관리 대장에 필요한 사항을 적고, 유지 · 관리하여야 한다.

④ 건축사가 법 제19조의2제2항에 따라 업무 실적을 증명받으려는 경우에 별지 제25호서식의 업무 실적 증명 발급 신청서를 건축사협회에 제출하여야 한다. 이 경우 건축사협회는 별지 제26호서식의

설계업무 실적 증명서 또는 별지 제27호서식의 공사감리업무 실적 증명서를 발급하고, 업무 실적 증명서 발급사실을 별지 제28호서식의 업무 실적 증명서 발급 대장에 적고, 유지·관리하여야 한다.

⑤ 건축사협회는 제4항에 따라 업무 실적 증명서를 발급할 때에는 실비(實費)의 범위에서 국토교통부장관이 정하는 수수료를 신청인으로부터 받을 수 있다. 〈개정 2013. 3. 23.〉

[전문개정 2012. 5. 30.]

제12조

[종전 제12조는 제24조로 이동 〈2012. 5. 30.〉]

제12조의2(외국 건축사 자격 취득자의 신고) ① 외국의 건축사 면허 또는 자격을 가진 사람(이하 "외국 건축사 자격 취득자"라 한다)이 법 제23조제5항 후단에 따른 신고를 하려는 경우에는 별지 제29호서식의 외국 건축사 자격 취득자 신고서에 다음 각 호의 서류를 첨부하여 건축사협회에 제출해야 한다. 〈개정 2013. 3. 23., 2016. 2. 11., 2020. 6. 18.〉

1. 다음 각 목의 어느 하나에 해당하는 자격증(면허증) 사본

가. 해당 국가의 정부나 그 밖에 권한 있는 기관이 발행하거나 공증인(법률에 따른 공증인의 자격을 가진 자만 해당한다. 이하 이 호에서 같다)이 공증한 것으로서 해당 국가에 주재하는 우리나라 영사가 확인한 자격증(면허증)

나. 「외국공문서에 대한 인증의 요구를 폐지하는 협약」을 체결한 국가의 경우에는 해당 국가의 정부나 공증인, 그 밖의 권한이 있는 기관이 발행한 것으로서 해당 국가의 아포스티유(Apostille) 확

인서 발급 권한이 있는 기관이 그 확인서를 발급하고 공증번역본이 첨부된 자격증(면허증)

2. 증명사진(3.5㎝×4.5㎝) 2장

② 제1항에 따라 외국 건축사 자격 취득자 신고서를 제출받은 건축사협회는 「전자정부법」 제36조제2항에 따른 행정정보의 공동이용을 통하여 신고인(대한민국이 외국과 체결하여 발효된 양자간 또는 다자간 자유무역협정에서 외국 건축사에 대한 현지 주재 의무를 요구하지 않은 국가의 외국 건축사는 제외한다)에 대한 주민등록표 초본 또는 외국인등록사실증명을 확인해야 한다. 다만, 신고인이 행정정보의 공동이용을 통한 주민등록표 초본 또는 외국인등록사실증명의 확인에 동의하지 않는 경우에는 해당 서류(외국인등록사실증명의 경우에는 외국인등록증 사본으로 대신할 수 있다)를 첨부하게 해야 한다. 〈개정 2013. 3. 23., 2017. 1. 17., 2020. 6. 18.〉

③ 건축사협회는 제1항에 따른 신고를 받았을 때에는 별지 제30호서식의 외국 건축사 자격 취득자 신고 대장에 필요한 사항을 적고, 별지 제31호서식의 외국 건축사 자격 취득자 신고확인증을 발급해야 한다. 〈개정 2013. 3. 23., 2020. 6. 18.〉

④ 외국 건축사 자격 취득자가 외국 건축사 자격 취득자 신고확인증을 잃어버리거나 헐어서 못 쓰게 되어 재발급받으려는 경우에는 별지 제32호서식의 외국 건축사 자격 취득자 신고확인증 재발급 신청서에 증명사진(3.5㎝×4.5㎝) 1장을 첨부하여 건축사협회에 재발급을 신청해야 한다. 〈개정 2013. 3. 23., 2016. 2. 11., 2020. 6. 18.〉

⑤ 제4항에 따라 외국 건축사 자격 취득자 신고확인증을 재발급받

은 후 잃어버렸던 외국 건축사 자격 취득자 신고확인증을 발견한 때에는 지체 없이 다시 찾은 외국 건축사 자격 취득자 신고확인증을 건축사협회에 반납해야 한다. 〈개정 2013. 3. 23., 2020. 6. 18.〉

⑥ 외국 건축사 자격 취득자는 제1항에 따른 신고사항이 변경된 경우에는 별지 제33호서식의 외국 건축사 자격 취득자 변경신고서에 변경사항을 증명할 수 있는 서류를 첨부하여 건축사협회에 제출해야 한다. 〈개정 2013. 3. 23., 2020. 6. 18.〉

⑦ 제3항의 신고 대장은 전자적 처리가 불가능한 특별한 사유가 없으면 전자적 처리가 가능한 방법으로 작성ㆍ관리하여야 한다.

[전문개정 2012. 5. 30.]

제13조(건축사사무소개설신고서) 영 제22조의 건축사사무소개설신고서는 별지 제34호서식에 따른다.

[전문개정 2012. 5. 30.]

제14조(대표 자격이 완화된 법인 건축사사무소의 업무 범위) 영 제23조 단서에서 "국토교통부령으로 정하는 건축물"이란 다음 각 호의 건축물을 말한다. 〈개정 2013. 3. 23.〉

1. 연면적의 합계가 10만제곱미터 이상인 건축물

2. 국가 및 지방자치단체가 설계ㆍ시공 일괄입찰 방식으로 발주하는 건축물

[전문개정 2012. 5. 30.]

[제22조의3에서 이동 〈2012. 5. 30.〉]

제15조(건축사사무소개설신고부 등의 서식) 영 제24조제2항의 건축사사무소개설신고부는 별지 제35호서식에 따르고, 건축사사무소개설

신고확인증은 별지 제36호서식에 따른다.

[전문개정 2012. 5. 30.]

[제16조에서 이동, 종전 제15조는 제16조로 이동 〈2012. 5. 30.〉]

제15조의2 삭제 〈2011. 1. 17.〉

제16조(엔지니어링사업자 소속 건축사의 신고 등) ① 법 제23조제9항제2호 및 제4호에 따라 엔지니어링사업자 또는 건설사업자에게 소속된 건축사가 그 업무에 관한 신고를 하려는 경우에는 입사일부터 15일 내에 별지 제37호서식의 엔지니어링사업자(건설사업자) 소속 건축사 신고서에 다음 각 호의 서류를 첨부하여 시ㆍ도지사에게 제출해야 한다. 〈개정 2020. 6. 18.〉

1. 자격등록증 사본

2. 재직증명서

② 제1항에 따라 신고를 한 건축사가 소속 엔지니어링사업자 또는 소속 건설사업자로부터 퇴사하였을 때에는 퇴사한 날부터 15일 내에 별지 제38호서식의 엔지니어링사업자(건설사업자) 소속 건축사 퇴사신고서에 퇴사증명서를 첨부하여 시ㆍ도지사에게 제출해야 한다. 〈개정 2020. 6. 18.〉

③ 시ㆍ도지사는 제1항에 따른 엔지니어링사업자 또는 건설사업자에게 소속된 건축사의 신고를 받았을 때에는 별지 제39호서식의 엔지니어링사업자(건설사업자) 소속 건축사 신고확인증을 발급해야 한다. 〈개정 2020. 6. 18.〉

④ 법 제23조제8항제2호에서 “국토교통부령으로 정하는 특수건축

물 또는 특수구조물"이란 다음 각 호의 것을 말한다. 〈개정 2013. 3. 23.〉

1. 발전(發電)·제철·철강·조선·기계·비철금속·석유정제 및 화학·펄프 등의 공장 건축물

2. 공항여객터미널

3. 고속철도 역사(驛舍)

4. 정수장·하수종말처리장·폐수처리장 등 상하수도 관련 구조물

5. 제1호부터 제4호까지의 건축물의 건설기간 중에 건축되는 것으로서 그 건축물의 운전 또는 관리에 필요한 기계실·변전실·사무실·창고·휴게실 등 부속 건축물

⑤ 법 제23조제9항제4호에서 "국토교통부령으로 정하는 건축물"이란 「건축법 시행령」 별표 1 제14호에 따른 업무시설(오피스텔은 제외한다) 중 분양 목적이 아닌 건축물을 말한다. 〈개정 2013. 3. 23., 2020. 6. 18.〉

[전문개정 2012. 5. 30.]

[제15조에서 이동, 종전 제16조는 제15조로 이동 〈2012. 5. 30.〉]

제17조(건축사사무소개설 신고확인증 등의 재발급 신청) ① 건축사사무소개설 신고확인증이나 엔지니어링사업자(건설사업자) 소속 건축사 신고확인증을 잃어버리거나 헐어서 못 쓰게 되어 재발급받으려는 경우에는 별지 제40호서식의 건축사사무소개설[엔지니어링사업자(건설사업자) 소속 건축사] 신고확인증 재발급 신청서를 시·도지사에게 제출해야 한다. 〈개정 2020. 6. 18.〉

② 제1항에 따라 신고확인증을 재발급받은 후 잃어버렸던 신고확인증을 발견한 때에는 지체 없이 다시 찾은 신고확인증을 시ㆍ도지사에게 반납하여야 한다.

[전문개정 2012. 5. 30.]

제18조 삭제 〈1995. 10. 17.〉

제18조의2 삭제 〈1982. 8. 24.〉

제19조(건축사사무소개설신고사항 변경신고서 등) 영 제29조제2항의 건축사사무소개설신고사항의 변경 및 휴업ㆍ폐업 신고서는 별지 제41호서식에 따른다.

[전문개정 2012. 5. 30.]

제20조 삭제 〈2000. 5. 22.〉

제21조 삭제 〈1996. 1. 18.〉

제22조 삭제 〈2000. 5. 22.〉

제22조의2(건축사사무소개설신고 등의 통보) ① 시ㆍ도지사는 다음 각 호의 어느 하나에 해당할 때에는 이를 건축사협회에 알려야 한다.

1. 법 제23조제1항에 따른 건축사사무소개설신고를 받았을 때

2. 법 제27조에 따른 건축사사무소개설신고사항의 변경, 휴업 또는 폐업의 신고를 받았을 때

3. 법 제28조제1항 및 제2항에 따른 건축사사무소개설신고의 효력상실처분 또는 업무정지명령을 하였을 때

4. 법 제29조에 따른 건축사사무소개설신고부의 정리를 하였을 때

② 건축사협회는 제1항에 따라 시ㆍ도지사로부터 통보받은 내용을 유지ㆍ관리하여야 한다.

[전문개정 2012. 5. 30.]

제22조의3

[종전 제22조의3은 제14조로 이동 〈2012. 5. 30.〉]

제23조(수탁업무의 보고) ① 법 제22조의2제1항 각 호에 따른 처분 또는 명령을 받은 건축사는 그 처분 또는 명령을 받은 날부터 7일 내에 별지 제42호서식의 수탁(계약)업무 현황 보고에 설계 계약서 및 공사감리 계약서 사본을 첨부하여 그 처분 전에 계약을 체결한 업무의 현황을 시·도지사에게 보고해야 한다. 〈개정 2020. 6. 18.〉

② 시·도지사는 제1항에 따라 업무 현황을 보고받았을 때에는 이를 건축주 및 그 업무와 관련된 사항을 관할하는 시장·군수·구청장(자치구의 구청장을 말한다)에게 통지하여야 한다.

[전문개정 2012. 5. 30.]

제24조(검사공무원의 증표) 법 제30조제2항의 검사공무원의 증표는 별지 제43호서식에 따른다.

[전문개정 2012. 5. 30.]

[제12조에서 이동 〈2012. 5. 30.〉]

제25조 삭제 〈2012. 5. 30.〉

제25조의2(수탁사무 처리를 위한 세부 기준 작성) 건축사협회는 영 제35조제2항에 따라 위탁받은 사무를 처리하기 위하여 필요한 경우에는 국토교통부장관의 승인을 받아 세부 기준을 정할 수 있다. 〈개정 2013. 3. 23.〉

[전문개정 2012. 5. 30.]

제26조(실무교육계획 수립 및 결과 보고) ① 영 제36조에 따라 건

축사협회는 실무교육계획을 수립하여 교육이 시작되기 1개월 전까지 국토교통부장관의 승인을 받아야 하며, 해당 연도의 실무교육 결과보고서를 다음 연도 3월 31일까지 국토교통부장관에게 제출하여야 한다. 〈개정 2013. 3. 23.〉

② 제1항에 따른 실무교육계획에는 다음 각 호의 사항이 포함되어야 한다. 〈개정 2013. 3. 23.〉

1. 교육방법 및 교육기간

2. 교육 예정 인원

3. 강사의 성명·주소 및 교과목별 이수시간표

4. 그 밖에 교육 실시와 관련하여 국토교통부장관이 요구하는 사항

③ 제1항에 따른 실무교육 결과보고서에는 다음 각 호의 사항이 포함되어야 한다. 〈개정 2013. 3. 23.〉

1. 교육 대상자 명단(대상자의 교육 이수 여부를 분명하게 밝혀야 한다)

2. 교육계획의 주요 내용이 변경된 경우에는 그 변경 내용과 변경 사유

3. 그 밖에 교육 실시와 관련하여 국토교통부장관이 요구하는 사항

[전문개정 2012. 5. 30.]

부칙 〈제216호, 1978. 12. 14.〉

제1조 (시행일) 이 규칙은 공포한 날로부터 시행한다.

제2조 (종전의 건축사등에 관한 경과조치) ①대통령령 제8,069호 건축사법시행령개정령(이하 "개정령"이라 한다) 부칙 제2항의 규정에 의하여 면허증 및 면허수첩의 재교부를 받고자 하는 자는 별지 제11호서식에 의한 신청서에 다음 각호의 서류를 첨부하여 도지사를 거쳐 건설부장관에게 제출하여야 한다.

1. 종전의 면허증
2. 신원증명서
3. 주민등록초본

②제1항의 규정에 의한 신청에 의하여 재교부하는 면허증은 별지 제31호서식, 면허수첩은 별지 제32호서식에 의한다.

③개정령 부칙제3항의 규정에 의한 면허증 및 면허수첩교부신청서는 별지 제33호서식에 의한다.

④개정령 부칙제4항의 규정에 의하여 건축사사무소등록증의 재교부를 받고자 하는 자는 별지 제26호서식에 의한 신청서에 영 제22조 각호의 서류와 종전의 등록증을 첨부하여 도지사를 거쳐 건설부장관에게 제출하여야 한다.

제3조 (건축보조사경력의 인정에 관한 경과조치) 제2조의 규정에 의하여 건축보조사의 신고를 한 자로서, 그 신고전에 건축사사무소에서 건축사의 업무를 보조한 경력중 법 제2조제2호의 요건에 해당한 날 이후의 경력은 건축보조사의 경력으로 본다.

부칙 〈제253호, 1979. 11. 21.〉

이 규칙은 공포한 날로부터 시행한다.

부칙 〈제261호, 1980. 3. 5.〉 (표준설계도서운용규칙)

①(시행일) 이 규칙은 공포한 날로부터 시행한다.

②생략

③(다른 법령의 개정) 건설부령 제216호 건축사법시행규칙 제3조를 삭제한다.

부칙 〈제267호, 1980. 7. 15.〉

제1조 (시행일) 이 규칙은 공포한 날로부터 시행한다.

제2조 (2급건축사에 관한 특례) ①대통령령 제9,878호 건축사법시행령중개정령(이하 "개정령"이라 한다)부칙 제2항의 규정에 의하여 특별전형시험에 응시하고자 하는 자는 별지 제7호서식에 의한 건축사자격특별전형응시원서 및 면허신청서를 건설부장관에게 제출하여야 한다.〈개정 1989. 7. 24.〉

②특별전형시험은 필기시험과 실기시험으로 구분하여 실시하되, 건설부장관은 필기시험에서 매과목 4할이상을 득점한 자에 한하여 실기시험에 응시하게 할 수 있다.

③특별전형시험의 과목별 출제범위 및 출제방법은 다음과 같다.〈개정 2000. 5. 22.〉

과 목	출 제 범 위	출 제 방 법
건축구조	일반구조 철근콘크리트구조 철골구조 구조역학	필 기(객관식을 원칙으로 한다)
건축계획	단지계획	

	건축환경원론		
	건축계획각론		
	건축설비		
	건축사(사)		

제3조 (경과조치) ①개정령 부칙 제3항의 규정에 의하여 등록사항의 변경신청을 하고자 하는 자는 별지 제13호서식에 의한 건축사사무소 등록사항 변경신청서에 다음 각호의 서류를 첨부하여 도지사에게 제출하여야 한다.

1. 사무소등록증
2. 건축사보 및 직원의 명단

②도지사는 제1항의 규정에 의한 등록사항변경신청이 영 제23조 제2항의 규정에 의한 기준에 적합한 경우에는 별지 제24호서식에 의한 종합건축사사무소등록증을 교부하여야 한다.

부칙 〈제302호, 1981. 7. 24.〉

이 규칙은 공포한 날로부터 시행한다.

부칙 〈제336호, 1982. 8. 24.〉

이 규칙은 공포한 날로부터 시행한다.

부칙 〈제389호, 1985. 7. 12.〉

①(시행일) 이 규칙은 공포한 날로부터 시행한다.

②(건축사자격특별전형시험응시원서등에 관한 경과조치) 법 제16조제2항의 규정에 의한 건축사자격특별전형시험의 응시원서 및 면

허신청서와 영 제4조제3항의 규정에 의한 건축사자격 제1차시험응시원서의 서식은 제4조의 개정규정에 불구하고 1985년 12월 31일까지는 종전의 서식에 의한다.

③(건축사자격시험과목과 출제범위에 관한 경과조치) 별표1의 개정규정에 불구하고 1987년 12월 31일까지 건축사자격 제1차시험에 있어서는 그 시험과목을 건축구조·건축시공 및 건축법규의 3개과목으로 하고, 건축사자격 제2차시험에 있어서는 그 시험과목중 건축계획의 출제범위에는 건축사를 포함하는 것으로 한다.

④(종전 2급건축사의 건축사면허취득에 관한 경과조치) 종전의 2급건축사로서 법률 제3,242호 건축사법중개정법률 부칙 제2항의 규정에 의한 특별전형시험에 의하여 건축사의 면허를 받고자 하는 자는 별지 제7호서식(1985년 12월 31일까지는 종전의 별지 제7호의2서식)에 의한 특별전형시험의 응시원서 및 면허신청서를 제출하여야 한다.

부칙 〈제441호, 1988. 10. 14.〉

이 규칙은 공포한 날로부터 시행한다.

부칙 〈제451호, 1989. 7. 24.〉

①(시행일) 이 규칙은 공포한 날부터 시행한다.

②(경과조치) 이 규칙시행전의 별표 3제1호 및 제4호의 위반사항에 해당하는 행위에 대하여는 별표 3의 개정규정에 불구하고 종전의 규정에 의한다.

부칙 〈제485호, 1991. 5. 30.〉

이 규칙은 공포한 날부터 시행한다.

부칙 〈제504호, 1992. 6. 1.〉 (건축법시행규칙)

제1조 (시행일) 이 규칙은 1992년 6월 1일부터 시행한다.

제2조 내지 제4조 생략

제5조 (다른 법령등의 개정등) ①건축사법시행규칙중 다음과 같이 개정한다.

제18조제1항을 다음과 같이 한다.

①영 제25조제3항에서 "건설부령으로 정하는 건축물"이라 함은 4층이하로서 연면적이 2천제곱미터미만인 건축물을 말한다.

별지 제27호의2서식중 "준공검사"를 "사용검사"로 한다.

②내지 ④생략

부칙 〈제509호, 1992. 6. 25.〉

이 규칙은 공포한 날부터 시행한다.

부칙 〈제560호, 1994. 8. 13.〉

이 규칙은 공포한 날부터 시행한다.

부칙 〈제16호, 1995. 5. 26.〉

이 규칙은 공포한 날부터 시행한다.

부칙 〈제35호, 1995. 10. 17.〉

이 규칙은 공포한 날부터 시행한다. 다만, 제4조 · 제5조의2 · 제6조 · 제12조의2 · [별표 1] 및 [별표 2]의 개정규칙은 1996년 1월 1일부터 시행한다.

부칙 〈제46호, 1996. 1. 18.〉 (건축법시행규칙)

제1조 (시행일) 이 규칙은 공포한 날부터 시행한다.

제2조 생략

제3조 (다른 법령의 개정) ①건축사법시행규칙중 다음과 같이 개정한다.

제3조를 다음과 같이 한다.

제3조 (설계도서의 범위) 법 제2조제3호에서 "기타 건설교통부령이 정하는 공사에 필요한 서류"라 함은 다음 각호의 서류를 말한다.

1. 건축설비계산 관계서류
2. 토질 및 지질 관계서류
3. 기타 공사에 필요한 서류

제17조제2항중 "제6조제2항"을 "제6조제3항"으로 한다.

제21조를 삭제한다.

제24조제1항중 "사용검사"를 "사용승인"으로 한다.

②내지 ⑦생략

부칙 〈제61호, 1996. 4. 13.〉

이 규칙은 공포한 날부터 시행한다.

부칙 〈제236호, 2000. 5. 22.〉

이 규칙은 공포한 날부터 시행한다. 다만, 제2조제1항 본문 및 제11조의 개정규정과 건설부령 제267호 건축사법시행규칙중개정령 부칙 제2조제3항의 개정규정은 2001년 1월 1일부터 시행하고, 제15조의2제4호의 개정규정은 2000년 7월 1일부터 시행한다.

부칙 〈제310호, 2002. 4. 4.〉

①(시행일) 이 규칙은 공포한 날부터 시행한다.

②(신고 수수료의 변경에 관한 적용례) 건축사의 신고 수수료에 관한 제10조제2항제7호의 개정규정은 이 규칙 시행후 최초로 신고하는 분부터 적용한다.

부칙 〈제345호, 2002. 12. 31.〉 (국토의계획및이용에관한법률시행규칙)

제1조 (시행일) 이 규칙은 2003년 1월 1일부터 시행한다.

제2조 및 제3조 생략

제4조 (다른 법령의 개정) ①내지 ③생략

④건축사법시행규칙중 다음과 같이 개정한다.

별표 1 제2호의 건축법규의 출제범위란중 "도시계획법"을 "국토의계획및이용에관한법률"로 한다.

⑤내지 ⑪생략

제5조 생략

부칙 〈제368호, 2003. 7. 25.〉

이 규칙은 공포후 1월이 경과한 날부터 시행한다.

부칙 〈제411호, 2004. 11. 29.〉 (전자적민원처리를위한개발제한구역의지정및관리에관한특별조치법시행규칙등중개정령)

이 규칙은 공포한 날부터 시행한다.

부칙 〈제458호, 2005. 7. 18.〉

이 규칙은 공포한 날부터 시행한다.

부칙 〈제551호, 2007. 3. 19.〉 (주민등록번호 보호 및 행정서류용 사진규격 통일을 위한 개발이익환수에 관한 법률 시행규칙 등 일부개정령)

이 규칙은 공포한 날부터 시행한다.

부칙 〈제594호, 2007. 12. 13.〉 (전자정부 구현을 위한 개발이익환수에 관한 법률 시행규칙등 일부개정령)

이 규칙은 공포한 날부터 시행한다.

부칙 〈제4호, 2008. 3. 14.〉 (정부조직법의 개정에 따른 감정평가에 관한 규칙 등 일부 개정령)

이 규칙은 공포한 날부터 시행한다.

부칙 〈제162호, 2009. 8. 31.〉

이 규칙은 공포한 날부터 시행한다.

부칙 〈제326호, 2011. 1. 17.〉

이 규칙은 2011년 1월 24일부터 시행한다.

부칙 〈제349호, 2011. 4. 7.〉 (경제활성화 및 친서민 국민불편해소 등을 위한 건설기술관리법 시행규칙 등 일부개정령)

이 규칙은 공포한 날부터 시행한다.

부칙 〈제470호, 2012. 5. 30.〉

제1조(시행일) 이 규칙은 2012년 5월 31일부터 시행한다.

제2조(수수료에 관한 적용례) 제10조제2항의 개정규정은 이 규칙 시행 후 최초로 시험시행 계획을 공고하는 건축사 자격시험부터 적용한다.

제3조(설계업무 실적 제출서 등의 첨부서류에 관한 적용례) 제11조제2항의 개정규정은 이 규칙 시행 후 최초로 설계업무 실적 제출서나 공사감리업무 실적 제출서를 제출하는 경우부터 적용한다.

제4조(외국건축사 자격취득자 신고서의 첨부서류에 관한 적용례) 제12조의2제1항제1호의 개정규정은 이 규칙 시행 후 최초로 신고하는 경우부터 적용한다.

제5조(경력의 인정기준에 관한 특례) 법 부칙(법률 제10756호 건축

사법 일부개정법률 부칙을 말한다) 제2조제2항과 제3조제1항에 따른 건축에 관한 실무경력의 인정기준은 다음과 같다.

경력산정 등 급	경 력 구 분	환산율
1등급	1. 건축사사무소에 소속하여 건축에 관한 업무에 종사한 경력(종전의 규정에 따른 2급건축사로서 건축사사무소를 개설한 경력을 포함한다) 2. 다음 각 목의 어느 하나에 소속하여 건축에 관한 업무에 종사한 경력 가. 「건설산업기본법」에 따라 등록한 건설업자 나. 「해외건설촉진법」에 따라 신고한 해외건설업자 다. 「엔지니어링기술 진흥법」에 따라 신고한 엔지니어링활동주체 라. 「주택법」에 따라 등록한 주택건설사업자 마. 「건설기술관리법」에 따라 등록한 감리전문회사 바. 「기술사법」에 따라 등록한 기술사사무소 사. 「시설물의 안전관리에 관한 특별법」에 따라 설립되거나 지정 또는 등록한 시설안전기술공단·안전진단전문기관 3. 다음 각 목의 어느 하나에 소속하여 건축에 관한 업무에 종사한 경력 가. 국가 나. 지방자치단체 다. 「공공기관의 운영에 관한 법률」에 따라 설립된 공공기관 라. 「지방공기업법」에 따라 설립된 지방공사 또는 지방공단 4. 대학원에서 건축 분야에 관한 석사 또는 박사학위과정에 있거나 이수한 경력(이 경우 석사과정은 2년, 박사과정은 3년을 넘을 수 없다) 5. 건축에 관한 교직경력(주 3시간 이상의 시간강사 경력을 포함한다) 6. 각종 연구원 등 연구기관에서의 건축에 관한 연구경력 7. 군의 공병 병과 또는 시설 병과에서 장교로 복무한 경력	100퍼센트
2등급	1. 1등급 제1호부터 제3호까지 외의 업체·기관·협회 등에서 건축에 관한 업무에 종사한 경력 2. 1등급 제1호부터 제3호까지에 해당하는 곳에서 건축 관련 분야(도시계획·조경·토목분야를 말한다. 이하 같다) 업무에 종사한 경력	80퍼센트

	3. 대학원에서 건축 관련 분야에 관한 석사 또는 박사학위 과정에 있거나 이수한 경력(이 경우 석사과정은 2년, 박사과정은 3년을 넘을 수 없다) 4. 건축 관련 분야 교직경력(주 3시간 이상의 시간강사 경력을 포함한다) 5. 각종 연구원 등 연구기관에서 건축 관련 분야에 관한 연구경력 6. 군의 공병 병과 또는 시설 병과에서 사병으로 복무한 경력	
3등급	2등급에 해당하지 아니한 경력으로서 건축 관련 분야의 업무에 종사한 경력	60퍼센트
비 고	1. 경력의 인정 기준일은 시험 시행일의 전날까지로 한다. 2. 경력은 월 단위로 계산하되, 15일 이상은 1개월로 계산하고 15일 미만은 산정하지 않는다.	

제6조(건축사 자격시험 특별전형의 응시원서에 관한 특례) 법 부칙(법률 제10756호 건축사법 일부개정법률 부칙을 말한다) 제3조제1항에 따른 건축사 자격시험 특별전형의 응시원서는 별지 제16호서식에 따른다.

제7조(건축사예비시험 시행 등에 관한 경과조치) 법 부칙(법률 제10756호 건축사법 일부개정법률 부칙을 말한다. 이하 이 조에서 같다) 제1조 단서 및 법 부칙 제5조에 따라 2019년 12월 31일까지 실시되는 건축사예비시험에 관한 다음 각 호의 사항은 해당 각 호에서 정하는 규정에 따른다. 〈개정 2016. 2. 11.〉

1. 건축사예비시험합격자의 건축사보 신고 등에 관한 사항: 종전의 제2조 및 종전의 별지 제1호서식

2. 건축사예비시험응시원서에 관한 사항: 종전의 제7조 및 종전의 별지 제44호서식

3. 건축사예비시험의 시험과목별 출제범위 및 출제방법에 관한 사항: 종전의 제8조 및 종전의 별표 1

4. 건축사예비시험 응시에 필요한 경력의 인정기준에 관한 사항: 종전의 제9조 및 종전의 별표 2

5. 건축사예비시험 응시수수료 등에 관한 사항

가. 응시수수료: 3만5천원

나. 그 밖에 응시수수료 반환 등에 관한 사항: 종전의 제10조 제2항부터 제4항까지의 규정

제8조(건축사 면허증 재발급 등에 사용되는 서식에 관한 경과조치) ① 법률 제3242호 건축사법중일부개정법률 부칙 제2항에 따른 건축사 자격 특별전형시험의 응시원서는 별지 제44호서식에 따른다.

② 법률 제3074호 건축사법중일부개정법률 부칙 제5항 및 대통령령 제9183호 건축사법시행령중일부개정령 부칙 제2항에 따른 2급 건축사 면허증의 재발급은 별지 제45호서식에 따르고, 대통령령 제9183호 건축사법시행령중일부개정령 부칙 제3항에 따른 건축사 면허증의 발급신청은 별지 제46호서식에 따른다.

부칙 〈제1호, 2013. 3. 23.〉 (국토교통부와 그 소속기관 직제 시행규칙)

제1조(시행일) 이 규칙은 공포한 날부터 시행한다. 〈단서 생략〉

제2조 부터 제5조까지 생략

제6조(다른 법령의 개정) ①부터 ⑭까지 생략

⑮ 건축사법 시행규칙 일부를 다음과 같이 개정한다.

제2조 각 호 외의 부분, 제10조의3, 제14조 각 호 외의 부분, 제16조제4항 각 호 외의 부분 및 같은 조 제5항 중 "국토해양부령"을 각각 "국토교통부령"으로 한다.

제6조제1항 · 제2항, 제10조제1항, 같은 조 제2항 각 호 외의 부분, 같은 항 제2호, 제11조제5항, 제12조의2제1항 각 호 외의 부분, 같은 조 제2항 본문, 같은 조 제3항부터 제6항까지, 제25조의2 및 제26조제1항, 같은 조 제2항제4호, 같은 조 제3항제3호, 별지 제8호서식, 별지 제9호서식, 별지 제29호서식, 별지 제31호서식부터 제33호서식까지, 별지 제45호서식 및 별지 제46호서식 중 "국토해양부장관"을 각각 "국토교통부장관"으로 한다.

별지 제8호서식 및 별지 제45호서식 중 " 

"을 각각 " 

"으로 한다.

별지 제9호서식 처리절차란, 별지 제41호서식 처리절차란 및 별지 제46호서식 처리절차란 중 "국토해양부"를 각각 "국토교통부"로 한다.

⑯부터 〈126〉까지 생략

부칙 〈제157호, 2014. 12. 29.〉

이 규칙은 공포한 날부터 시행한다.

부칙 〈제285호, 2016. 2. 11.〉

이 규칙은 2016년 2월 12일부터 시행한다.

부칙 〈제388호, 2017. 1. 17.〉

이 규칙은 공포한 날부터 시행한다.

부칙 〈제739호, 2020. 6. 18.〉

이 규칙은 공포한 날부터 시행한다.

부칙 〈제929호, 2021. 12. 15.〉

제1조(시행일) 이 규칙은 공포한 날부터 시행한다.

제2조(건축사 자격시험 응시수수료 반환에 관한 적용례) 제10조제2항제6호의 개정규정은 이 규칙 시행 이후 공고하는 건축사 자격시험부터 적용한다.

부칙 〈제1390호, 2024. 9. 26.〉 (국가자격시험 응시수수료 부담 완화를 위한 감정평가 및 감정평가사에 관한 법률 시행규칙 등 3개 법령의 일부개정에 관한 국토교통부령)

제1조(시행일) 이 규칙은 공포한 날부터 시행한다.

제2조(「건축사법 시행규칙」 개정에 관한 적용례) 「건축사법 시행규칙」 제10조제1항 단서 및 같은 조 제2항제6호부터 제8호까지의 개정규정은 이 규칙 시행 이후 공고하는 건축사 자격시험부터 적용한다.

제3조 생략

별표 / 서식

[별표] 시험과목별 출제범위 및 출제방법(제8조 관련)

[별지 제1호서식] 건축사보 신고서

[별지 제2호서식] 건축사보 명부

[별지 제3호서식] 건축사보 신고 대장

[별지 제4호서식] 건축사보 신고확인증

[별지 제5호서식] 건축사보 신상 변동 신고서

[별지 제6호서식] 건축사보 신고확인증 재발급 신청서

[별지 제7호서식] 건축사 명부

[별지 제8호서식] 건축사 자격증

[별지 제9호서식] 건축사 자격증 재발급 신청서

[별지 제10호서식] 실무수련(신고서, 변경신고서)

[별지 제11호서식] 실무수련자 명부

[별지 제12호서식] 실무수련자 신고 대장

[별지 제13호서식] 실무수련(신고확인증, 변경신고확인증)

[별지 제14호서식] 실무수련 확인서

[별지 제15호서식] 실무수련 완료 증명서

[별지 제16호서식] (건축사 자격시험, 건축사 자격시험 특별전형)응시원서

[별지 제17호서식] 건축사(자격등록, 자격 갱신등록)신청서

[별지 제18호서식] 건축사 윤리선언서

[별지 제19호서식] 실무교육 이수 증명서

[별지 제20호서식] 건축사 자격등록증

[별지 제21호서식] 설계업무 실적 제출서

[별지 제22호서식] 공사감리업무 실적 제출서

[별지 제23호서식] 설계업무 실적 관리 대장

[별지 제24호서식] 공사감리업무 실적 관리 대장

[별지 제25호서식] 업무 실적 증명 발급 신청서

[별지 제26호서식] 설계업무 실적 증명서

[별지 제27호서식] 공사감리업무 실적 증명서

[별지 제28호서식] 업무 실적 증명서 발급 대장

[별지 제29호서식] 외국 건축사 자격 취득자 신고서

[별지 제30호서식] 외국 건축사 자격 취득자 신고 대장

[별지 제31호서식] 외국 건축사 자격 취득자 신고확인증

[별지 제32호서식] 외국 건축사 자격 취득자 신고확인증 재발급 신청서

[별지 제33호서식] 외국 건축사 자격 취득자 변경신고서

[별지 제34호서식] 건축사사무소개설신고서

[별지 제35호서식] 건축사사무소개설신고부

[별지 제36호서식] 건축사사무소개설 신고확인증

[별지 제37호서식] (엔지니어링사업자 소속, 건설사업자 소속)건축사 신고서

[별지 제38호서식] (엔지니어링사업자 소속, 건설사업자 소속)건축사 퇴사신고서

[별지 제39호서식] (엔지니어링사업자 소속 건축사 신고확인증, 건설사업자 소속 건축사 신고확인증)

[별지 제40호서식] (건축사사무소개설 신고확인증, 엔지니어링사업자 소속 건축사 신고확인증, 건설사업자 소속 건축사 신고확인증)재발급 신청서

[별지 제41호서식] 건축사사무소(개설신고사항 변경, 휴업, 폐업)신고서

[별지 제42호서식] 수탁(계약) 업무 현황 보고

[별지 제43호서식] 검사공무원증

[별지 제44호서식] (건축사예비시험, 건축사 자격 특별전형시험)응시원서

[별지 제45호서식] 건축사 면허증

[별지 제46호서식] 면허증 발급 신청서

대한민국 법령 시리즈 35

건축사법

법 령 / 시 행 령 / 시 행 규 칙

2025년 8월 21일 인쇄 정가 18,000원
2025년 8월 31일 발행

편 저 편집부
디 자 인 송영미
발 행 인 조준형
발 행 처 해광출판사
http://www.hgbookpub.com
E-mail : munbookcokr@naver.com
주 소 부산광역시 중구 해관로 41-1 (중앙동2가)
전화번호 (051) 253-0001 팩스 (051) 245-1187
등 록 제 2012-000005호

해광출판사에서는 여러분의 소중한 원고와 함께 할 기회를 기다리고 있습니다.
책으로 엮을 원고나 아이디어가 있으신 분들은 이메일 munbookcokr@naver.com
로 책에 대한 간단한 개요와 원고 전체 또는 일부를 연락처와 함께 보내주십시오.

ISBN 979-11-6881-870-5

※ 법령 출처 : 법제처 국가법령정보센터
※ 본 도서는 〈공공데이터 제공 및 이용 활성화에 관한 법률〉을 근거로 출판되었습니다.

해광출판사 대한민국 법령 시리즈

001. 선원법
002. 어선법
003. 선박직원법
004. 해사안전기본법
005. 해양환경관리법
006. 선박의 입항 및 출항등에 관한 법률
007. 학교안전사고예방 및 보상에 관한 법률
008. 종합부동산세법
009. 방위사업법
010. 행정규제기본법
011. 식품산업진흥법
012. 위험물안전관리법
013. 화재의 예방 및 안전관리에 관한 법률
014. 도시가스사업법
015. 실내공기질관리법
016. 지방세법
017. 소득세법
018. 법인세법
019. 도선법
020. 선박안전법
021. 선박법
022. 수산업법
023. 고압가스안전관리법
024. 국민연금법
025. 공동주택관리법
026. 화학물질관리법
027. 어선원 및 어선 재해보상보험법
028. 장기등 이식에 관한 법률
029. 자연재해대책법
030. 공유재산 및 물품 관리법
031. 산업입지 및 개발에 관한 법률
032. 부정경쟁방지 및 영업비밀보호에 관한 법률
033. 금융지주회사법
034. 온실가스 배출권의 할당 및 거래에 관한 법률
035. 건축사법
036. 산림문화휴양에 관한 법률
037. 전기사업법
038. 사립학교법
039. 고등교육법
040. 액화석유가스의 안전관리 및 사업법
041. 선박투자회사법
042. 수산자원관리법
043. 위험물선박운송및저장규칙
044. 선박평형수관리법
045. 주택임대차보호법
046. 상가건물임대차보호법
047. 지방공기업법
048. 승강기안전관리법
049. 수목원·정원의 조성 및 진흥에 관한 법률
050. 민법
051. 치료감호 등에 관한 법률
052. 대부업 등의 등록 및 금융이용자 보호에 관한 법률
053. 사료관리법
054. 무형문화재 보전 및 진흥에 관한 법률
055. 총포·도검·화약류 등의 안전관리에 관한 법률
056. 경찰관직무집행법
057. 시설물의 안전 및 유지관리에 관한 특별법
058. 수산생물질병 관리법
059. 소비자기본법
060. 국제선박등록법
061. 정보통신망 이용촉진 및 정보보호 등에 관한 법률
062. 해운법
063. 농수산물 품질관리법
064. 수산업협동조합법
065. 해외건설촉진법
066. 수상레저안전법
067. 공무원재해보상법
068. 수상에서의 수색·구조 등에 관한 법률
069. 어촌어항법
070. 항만법
071. 항만운송사업법
072. 해양경비법
073. 해양사고의 조사 및 심판에 관한 법률
074. 외국인근로자의 고용 등에 관한 법률
075. 중소기업기본법
076. 자유무역지역의 지정 및 운영에 관한 법률
077. 대기환경보전법
078. 소음진동관리법
079. 폐기물관리법
080. 하수도법
081. 물환경보전법
082. 토양환경보전법
083. 환경정책기본법
084. 산업재해보상보험법
085. 관세법
086. 노동조합 및 노동관계조정법
087. 근로기준법
088. 군인연금법
089. 먹는물관리법
090. 기술보증기금법
091. 관광진흥법
092. 감염병의 예방 및 관리에 관한 법률
093. 사법경찰관리의 직무를 수행할 자와 그 직무범위에 관한 법률
094. 수의사법
095. 가정폭력방지 및 피해자보호 등에 관한 법률
096. 환경영향평가법
097. 체육시설의 설치 · 이용에 관한 법률
098. 장사 등에 관한 법률
099. 상호저축은행법
100. 은행법
101. 보호관찰 등에 관한 법률
102. 형법
103. 자동차관리법
104. 형사소송법
105. 전자금융거래법
106. 마약류 불법거래 방지에 관한 특례법
107. 도로법
108. 주세법
109. 변리사법
110. 하천법
111. 중소기업진흥에 관한 법률
112. 발달장애인 권리보장 및 지원에 관한 법률
113. 주택법
114. 장애인복지법
115. 농어업경영체 육성 및 지원에 관한 법률
116. 공인중개사법
117. 건강기능식품에 관한 법률
118. 예비군법
119. 개발제한구역의 지정 및 관리에 관한 특별조치법
120. 국유재산법
121. 주차장법
122. 환경기술 및 환경산업 지원법
123. 대기관리권역의 대기환경개선에 관한 특별법
124. 악취방지법
125. 미세먼지 저감 및 관리에 관한 특별법
126. 가축분뇨의 관리 및 이용에 관한 법률
127. 물의 재이용 촉진 및 지원에 관한 법률
128. 물관리기본법
129. 물관리기술 발전 및 물산업 진흥에 관한 법률
130. 자원의 절약과 재활용촉진에 관한 법률
131. 전기 · 전자제품 및 자동차의 자원순환에 관한 법률
132. 건설폐기물의 재활용촉진에 관한 법률
133. 수도권매립지관리공사의 설립 및 운영 등에 관한 법률
134. 폐기물의 국가 간 이동 및 그 처리에 관한 법률
135. 폐기물처리시설 설치촉진 및 주변지역지원 등에 관한 법률
136. 자원순환기본법
137. 잔류성오염물질 관리법
138. 환경분쟁 조정법

해광출판사 대한민국 법령 시리즈

139. 화학물질의 등록 및 평가 등에 관한 법률
140. 환경오염시설의 통합관리에 관한 법률
141. 환경오염피해 배상책임 및 구제에 관한 법률
142. 중소기업제품 구매촉진 및 판로지원에 관한 법률
143. 환경개선비용 부담법
144. 환경분야 시험·검사 등에 관한 법률
145. 환경친화적 산업구조로의 전환촉진에 관한 법률
146. 환경친화적 자동차의 개발 및 보급 촉진에 관한 법률
147. 환경범죄 등의 단속 및 가중처벌에 관한 법률
148. 생명윤리 및 안전에 관한 법률
149. 장애인차별금지 및 권리구제 등에 관한 법률
150. 부동산투자회사법
151. 정치자금법
152. 과학기술기본법
153. 대리점거래의 공정화에 관한 법률
154. 상속세 및 증여세법
155. 학원의 설립 · 운영 및 과외교습에 관한 법률
156. 해양심층수의 개발 및 관리에 관한 법률
157. 전기용품 및 생활용품 안전관리법
158. 사회기반시설에 대한 민간투자법
159. 공직선거법
160. 정당법
161. 유류오염손해배상 보장법
162. 부정청탁 및 금품등 수수의 금지에 관한 법률
163. 항로표지법
164. 어장관리법
165. 민방위기본법
166. 공직자윤리법
167. 선거관리위원회법
168. 유선 및 도선 사업법
169. 전기공사업법
170. 사회복지사업법
171. 택지개발촉진법
172. 국가공무원법
173. 민간임대주택에 관한 특별법
174. 어음법·수표법
175. 민사집행법
176. 상법
177. 문화예술진흥법
178. 중소기업협동조합법
179. 농업협동조합법
180. 도로교통법
181. 의료사고 피해구제 및 의료분쟁 조정 등에 관한 법률
182. 산림보호법
183. 소년법
184. 동물보호법
185. 건축물관리법
186. 도시개발법
187. 화물자동차 운수사업법
188. 도시 및 주거환경정비법
189. 의료법
190. 국회법
191. 응급의료에 관한 법률
192. 출입국관리법
193. 노인복지법
194. 산림자원의 조성 및 관리에 관한 법률
195. 청소년 보호법
196. 초 · 중등교육법
197. 혁신도시 조성 및 발전에 관한 특별법
198. 경제자유구역의 지정 및 운영에 관한 특별법
199. 공공기관의 운영에 관한 법률
200. 대한민국헌법
201. 국민기초생활 보장법
202. 저작권법
203. 가사소송법
204. 국가유공자 등 예우 및 지원에 관한 법률
205. 국민체육진흥법
206. 전통주 등의 산업진흥에 관한 법률
207. 재난 및 안전관리 기본법
208. 정보통신공사업법
209. 주식회사 등의 외부감사에 관한 법률
210. 공익사업을 위한 토지 등의 취득 및 보상에 관한 법률
211. 개인정보 보호법
212. 국세기본법
213. 에너지이용 합리화법
214. 감정평가 및 감정평가사에 관한 법률
215. 국가인권위원회법
216. 가맹사업거래의 공정화에 관한 법률
217. 보건의료기본법
218. 산업안전보건법
219. 법무사법
220. 교육공무원법
221. 특허법
222. 민사소송법
223. 아동복지법
224. 전파법
225. 하도급거래 공정화에 관한 법률
226. 기초연금법
227. 사립학교교직원 연금법
228. 직업안정법
229. 장애아동 복지지원법
230. 부동산등기법
231. 자동차손해배상 보장법
232. 철도안전법
233. 항공안전법
234. 전자상거래 등에서의 소비자보호에 관한 법률
235. 독점규제 및 공정거래에 관한 법률
236. 상표법
237. 채무자 회생 및 파산에 관한 법률
238. 공무원연금법
239. 축산법
240. 근로복지기본법
241. 민원 처리에 관한 법률
242. 약사법
243. 방문판매 등에 관한 법률
244. 건축기본법
245. 지방세기본법
246. 지방세징수법
247. 지방자치법
248. 도시교통정비 촉진법
249. 공공주택 특별법
250. 국세징수법
251. 공인노무사법
252. 중대재해 처벌 등에 관한 법률
253. 외무공무원법
254. 소방시설공사업법
255. 검역법
256. 공중위생관리법
257. 할부거래에 관한 법률
258. 인터넷 멀티미디어 방송사업법
259. 전기통신사업법
260. 제품안전기본법
261. 철도사업법
262. 어린이제품 안전 특별법
263. 영유아보육법
264. 원자력안전법
265. 보험업법
266. 경비업법
267. 교통안전법
268. 세무사법
269. 관세사법
270. 공인회계사법
271. 지방공무원법
272. 고용정책 기본법
273. 국가경찰과 자치경찰의 조직 및 운영에 관한 법률
274. 협동조합 기본법
275. 재해구호법
276. 환경보건법

해광출판사 대한민국 법령 시리즈

277. 자살예방 및 생명존중문화 조성을 위한 법률
278. 소방산업의 진흥에 관한 법률
279. 소방기본법
280. 비송사건절차법
281. 자연환경보전법
282. 변호사법
283. 기업구조조정투자회사법
284. 전기통신기본법
285. 에너지법
286. 해양생태계의 보전 및 관리에 관한 법률
287. 사회보장기본법
288. 통신비밀보호법
289. 공증인법
290. 물류시설의 개발 및 운영에 관한 법률
291. 청소년활동 진흥법
292. 형의 집행 및 수용자의 처우에 관한 법률
293. 도시공원 및 녹지 등에 관한 법률
294. 태권도 진흥 및 태권도공원 조성 등에 관한 법률
295. 녹색건축물 조성 지원법
296. 우편법
297. 예금자보호법
298. 건설산업기본법
299. 금융회사의 지배구조에 관한 법률
300. 장애인활동 지원에 관한 법률
301. 언론중재 및 피해구제 등에 관한 법률
302. 국가재정법
303. 농지법
304. 게임산업진흥에 관한 법률
305. 정신건강증진 및 정신질환자 복지서비스 지원에 관한 법률
306. 디자인보호법
307. 의료기사 등에 관한 법률
308. 스마트도시 조성 및 산업진흥 등에 관한 법률
309. 내수면어업법
310. 한국주택금융공사법
311. 의료기기법
312. 유통산업발전법
313. 전통시장 및 상점가 육성을 위한 특별법
314. 여신전문금융업법
315. 해외자원개발 사업법
316. 산업교육진흥 및 산학연협력촉진에 관한 법률
317. 빈집 및 소규모주택 정비에 관한 특례법
318. 기업도시개발 특별법
319. 전력기술관리법
320. 국토기본법
321. 지하수법
322. 식품위생법
323. 광업법
324. 호스피스·완화의료 및 임종과정에 있는 환자의 연명의료결정에 관한 법률
325. 주식·사채 등의 전자등록에 관한 법률
326. 표시·광고의 공정화에 관한 법률
327. 골재채취법
328. 국민건강증진법
329. 새마을금고법
330. 여객자동차 운수사업법
331. 마리나항만의 조성 및 관리 등에 관한 법률
332. 한부모가족지원법
333. 국가를 당사자로 하는 계약에 관한 법률
334. 지방자치단체를 당사자로 하는 계약에 관한 법률
335. 축산물 위생관리법
336. 병역법
337. 음악산업진흥에 관한 법률
338. 국가균형발전 특별법
339. 첨단재생의료 및 첨단바이오의약품 안전 및 지원에 관한 법률
340. 공간정보의 구축 및 관리 등에 관한 법률
341. 공유수면 관리 및 매립에 관한 법률
342. 농수산물 유통 및 가격안정에 관한 법률
343. 아시아문화중심도시 조성에 관한 특별법
344. 신탁법
345. 자연공원법
346. 생활화학제품 및 살생물제의 안전관리에 관한 법률
347. 군인사법
348. 국제조세조정에 관한 법률
349. 낙동강수계 물관리 및 주민지원 등에 관한 법률
350. 주민등록법
351. 집합건물의 소유 및 관리에 관한 법률
352. 집단에너지사업법
353. 산림조합법
354. 반도체집적회로의 배치설계에 관한 법률
355. 자본시장과 금융투자업에 관한 법률
356. 담보부사채신탁법
357. 근로자퇴직급여 보장법
358. 국제과학비즈니스벨트 조성 및 지원에 관한 특별법
359. 수도법
360. 식품 등의 표시 · 광고에 관한 법률
361. 약관의 규제에 관한 법률
362. 인삼산업법
363. 종자산업법
364. 항공사업법
365. 건설기계관리법
366. 군형법
367. 궤도운송법
368. 기술의 이전 및 사업화 촉진에 관한 법률
369. 농수산물의 원산지 표시 등에 관한 법률
370. 담배사업법
371. 석유 및 석유대체연료 사업법
372. 가축전염병 예방법
373. 농어촌정비법
374. 식물신품종 보호법
375. 항공보안법
376. 중소기업창업 지원법
377. 군사법원법
378. 우주개발 진흥법
379. 해저광물자원 개발법
380. 산림복지 진흥에 관한 법률
381. 지능형 로봇 개발 및 보급 촉진법
382. 헌법재판소법
383. 옥외광고물 등의 관리와 옥외광고산업 진흥에 관한 법률
384. 혈액관리법
385. 국제항해선박 등에 대한 해적행위 피해예방에 관한 법률
386. 유료도로법
387. 독립유공자예우에 관한 법률
388. 신에너지 및 재생에너지 개발 · 이용 · 보급 촉진법
389. 신용정보의 이용 및 보호에 관한 법률
390. 출판문화산업 진흥법
391. 공항시설법
392. 국민 평생 직업능력 개발법
393. 아동 · 청소년의 성보호에 관한 법률
394. 방송법쉬
395. 신용보증기금법
396. 화장품법
397. 청소년 기본법
398. 인터넷주소자원에 관한 법률
399. 양곡관리법
400. 도로명주소법
401. 전자문서 및 전자거래 기본법
402. 산업기술의 유출방지 및 보호에 관한 법률
403. 국가기술자격법
404. 양식산업발전법
405. 산업기술혁신 촉진법
406. 새만금사업 추진 및 지원에 관한 특별법
407. 전자정부법
408. 지역 개발 및 지원에 관한 법률
409. 한국농어촌공사 및 농지관리기금법
410. 계량에 관한 법률
411. 기업활동 규제완화에 관한 특별조치법
412. 군에서의 형의 집행 및 군수용자의 처우에 관한 법률

해광출판사 대한민국 법령 시리즈

413. 규제자유특구 및 지역특화발전특구에 관한 규제특례법
414. 금융위원회의 설치 등에 관한 법률
415. 남녀고용평등과 일 · 가정 양립 지원에 관한 법률
416. 농어업인 삶의 질 향상 및 농어촌지역 개발촉진에 관한 특별법
417. 댐건설 · 관리 및 주변지역지원 등에 관한 법률
418. 국가유산수리 등에 관한 법률
419. 법원조직법
420. 보훈보상대상자 지원에 관한 법률
421. 부패방지 및 국민권익위원회의 설치와 운영에 관한 법률
422. 과학기술분야 정부출연연구기관 등의 설립 · 운영 및 육성에 관한 법률
423. 연구개발특구의 육성에 관한 특별법
424. 친환경농어업 육성 및 유기식품 등의 관리 · 지원에 관한 법률
425. 연안관리법
426. 영화 및 비디오물의 진흥에 관한 법률
427. 신용협동조합법
428. 방송통신발전 기본법
429. 범죄피해자 보호법
430. 가축 및 축산물 이력관리에 관한 법률
431. 국가표준기본법
432. 국가통합교통체계효율화법
433. 범죄인 인도법
434. 국가과학기술 경쟁력 강화를 위한 이공계지원 특별법
435. 국제경기대회 지원법
436. 금융혁신지원 특별법
437. 수자원의 조사 · 계획 및 관리에 관한 법률
438. 축산자조금의 조성 및 운용에 관한 법률
439. 소방시설 설치 및 관리에 관한 법률
440. 양성평등기본법
441. 축산계열화사업에 관한 법률
442. 수입식품안전관리 특별법
443. 대외무역법
444. 국가연구개발사업 등의 성과평가 및 성과관리에 관한 법률
445. 무역보험법
446. 기술사법
447. 광산안전법
448. 농약관리법
449. 농업 · 농촌 및 식품산업 기본법
450. 문화산업진흥 기본법
451. 부담금관리 기본법
452. 야생생물 보호 및 관리에 관한 법률
453. 한국은행법
454. 별정우체국법
455. 원양산업발전법
456. 콘텐츠산업 진흥법
457. 한국수출입은행법
458. 외국인투자 촉진법
459. 물류정책기본법
460. 전자서명법
461. 산업발전법
462. 산업표준화법
463. 소프트웨어 진흥법
464. 토지이용규제 기본법
465. 해수욕장의 이용 및 관리에 관한 법률
466. 정보통신 진흥 및 융합 활성화 등에 관한 특별법
467. 정보통신산업 진흥법
468. 지진 · 화산재해대책법
469. 소금산업진흥법
470. 위치정보의 보호 및 이용 등에 관한 법률
471. 외국법자문사법
472. 이러닝(전자학습)산업 발전 및 이러닝 활용 촉진에 관한 법률
473. 암관리법
474. 실용신안법
475. 가족관계의 등록 등에 관한 법률
476. 무인도서의 보전 및 관리에 관한 법률
477. 감사원법
478. 정보보호산업의 진흥에 관한 법률
479. 결혼중개업의 관리에 관한 법률
480. 공익신고자 보호법
481. 박물관 및 미술관 진흥법
482. 낚시 관리 및 육성법
483. 동산 · 채권 등의 담보에 관한 법률
484. 임금채권보장법
485. 국민투표법
486. 농림수산업자 신용보증법
487. 국가채권 관리법
488. 중소기업은행법
489. 식품안전기본법
490. 외국환거래법
491. 발명진흥법
492. 건설기술 진흥법
493. 기후위기 대응을 위한 탄소중립 · 녹색성장 기본법
494. 인체조직안전 및 관리 등에 관한 법률
495. 엔지니어링산업 진흥법
496. 신문 등의 진흥에 관한 법률
497. 식물방역법
498. 석탄산업법
499. 산업융합 촉진법
500. 비료관리법
501. 임업 및 산촌 진흥촉진에 관한 법률
502. 복권 및 복권기금법
503. 대규모유통업에서의 거래 공정화에 관한 법률
504. 뉴스통신 진흥에 관한 법률
505. 지능정보화 기본법
506. 자격기본법
507. 중소기업 기술혁신 촉진법
508. 국가공간정보 기본법
509. 농어업재해대책법
510. 방송광고판매대행 등에 관한 법률
511. 지식재산 기본법
512. 초고층 및 지하연계 복합건축물 재난관리에 관한 특별법
513. 해양 조사와 해양정보 활용에 관한 법률
514. 공간정보산업 진흥법
515. 공공기관의 정보공개에 관한 법률
516. 행정기본법
517. 해상교통안전법
518. 농어업재해보험법
519. 문화유산의 보존 및 활용에 관한 법률
520. 자연유산의 보존 및 활용에 관한 법률
521. 국토의 계획 및 이용에 관한 법률
522. 건축법
523. 국민건강보험법
524. 계엄법
525. 환경친화적 선박의 개발 및 보급 촉진에 관한 법률
526. 해양폐기물 및 해양오염퇴적물 관리법
527. 연안사고 예방에 관한 법률
528. 전기안전관리법
529. 의약품 등의 안전에 관한 규칙
530. 공공보건의료에 관한 법률
531. 군보건의료에 관한 법률
532. 농어촌 등 보건의료를 위한 특별조치법
533. 보호소년 등의 처우에 관한 법률
534. 국가를 당사자로 하는 소송에 관한 법률
535. 간호법
536. 국립묘지의 설치 및 운영에 관한 법률
537. 주류 면허 등에 관한 법률
538. 부가가치세법

*** 해광출판사의 법령 시리즈는 계속 발행 됩니다.**
**** 각 도서의 개정판은 인쇄일을 기준으로 제작 되었습니다.**